现代果树简约栽培技术丛书

现代梨简约栽培技术

主　编　叶　霞
副主编　白团辉　宋春晖　焦　健

黄河水利出版社
·郑州·

图书在版编目(CIP)数据

现代梨简约栽培技术/叶霞主编. —郑州:黄河水利出版社,2018.9

(现代果树简约栽培技术丛书)

ISBN 978 -7 -5509 -2153 -5

Ⅰ. ①现… Ⅱ. ①叶… Ⅲ. ①梨 - 果树园艺 Ⅳ. ①S661.2

中国版本图书馆 CIP 数据核字(2018)第 223052 号

组稿编辑:岳晓娟 电话:0371 -66020903 E-mail:2250150882@ qq. com

出 版 社:黄河水利出版社

地址:河南省郑州市顺河路黄委会综合楼 14 层 邮政编码:450003

发行单位:黄河水利出版社

发行部电话:0371 -66026940、66020550、66028024、66022620(传真)

E-mail:hhslcbs@ 126. com

承印单位:河南瑞之光印刷股份有限公司

开本:890 mm×1 240 mm 1/32

印张:4 插页:2

字数:120 千字

版次:2018 年 9 月第 1 版 印次:2018 年 9 月第 1 次印刷

定价:23.00 元

现代果树简约栽培技术丛书

主　编　冯建灿　郑先波

《现代梨简约栽培技术》编委会

主　　编　叶　霞

副 主 编　白团辉　宋春晖　焦　健

参编人员　尤　光　杜小亮　张永帅

　　　　　赵　乾

现代果树简约栽培技术丛书由河南省重大科技专项(151100110900)、河南省现代农业产业技术体系建设专项(S2014-11-G02,Z2018-11-03)资助出版。

前　言

我国为世界梨生产大国，其面积和产量均占世界梨栽培面积和总产量的70%以上。但我国梨树生产的总体水平相比发达国家仍然较低，缺乏简约化省工栽培技术是限制我国梨树规模化栽培发展的主要因素之一。为了满足梨种植者对简约化丰产栽培技术的需求，特组织编写了《现代梨简约栽培技术》书。

该书共分9章，第一章介绍了国内外梨生产现状；第二、三章阐述了梨的生物学特性及优良品种、形态特征及其生长结果习性；第四章阐述了梨苗木的培育；第五～九章分别详述了梨树建园技术、树体管理、土肥水管理、病虫害防治、采后贮藏等技术环节。从简约化栽培的角度阐述各个生产环节的新模式，为梨的简约化栽培生产提供参考。该书面向广大梨生产人员和科技人员以及相关专业师生。

作　者

2018年8月

目　录

第一章　绪　论

梨原产我国，属蔷薇科梨属，自古被誉为“百果之宗”。我国为世界梨生产大国，其面积和产量均占世界梨栽培面积和总产量的70%以上。在我国，梨的种类有十多种，其中秋子梨、白梨、砂梨、西洋梨为广为栽培的种类，褐梨、新疆梨、川梨在少数地区有栽培，杜梨、木梨、麻梨、豆梨、河北梨多作砧木用。我国梨产区主要集中在环渤海湾、黄河故道及西北黄土高原地区。环渤海湾地区主要生产鸭梨、雪花梨、慈梨、长把梨、香水梨，黄河故道和西北黄土高原主要生产酥梨、晋蜜梨，并形成了具有地方特色的名优产品。长江中下游及云贵高原地区则成为我国砂梨的主要产区。

目前，我国梨树生产的总体水平相比发达国家仍然较低，无论是单位面积产量还是果实品质，与美国、日本、韩国等国存在不少差距。主要是集约化、规模化栽培梨树面积不大，单位面积产量低，机械化操作程度差，劳动力消耗高，而经济效益相对不高。同时，在果园管理人员不断老龄化和劳务费持续上升的形势下，如何简化、减少果园管理，是人们长期追求的目标，发达国家更是如此。如在美国、意大利等国，采用适合机械化操作的树形，简化了果园管理。在日本，采用棚架树形，简化了修剪、人工授粉、疏花疏果、果园喷药等作业，不仅改善了果实品质，而且便于机械化作业。栽培自花结实性品种及果园养蜂、采用化学药剂疏花疏果等可在一定程度上减轻人工授粉和疏花疏果的烦琐工序。缺乏简约化省工栽培技术是限制我国梨树规模化栽培发展的主要因素之一。梨简约化栽培将会使果品生产变得简单，用工更少、用肥料更少、用农药更少，生产成本将会降低30%左右，将会产生巨大的经济效益和社会效益。

简约化省工栽培是通过大苗建园、水肥一体化，简化花果管理，简化整形修剪技术，开发适应我国国情的果园机械，实现大规模管理的机械化操作，降低生产成本，走简约化、标准化和机械化道路，实现梨由传统的栽培模式转变为现代化的栽培模式。

第二章　生物学特性

梨树是由根、芽、枝、叶、花、果实等器官构成的活的有机体，这些不同的器官，担负着不同的生理功能，有不同的生长或发育规律，每个器官的生长或发育，要求不同的温度，对温度都有敏感的反应，因而，在一年的生长期中，随着气候的季节性变化，进行着有节奏、有规律的生长发育活动。

第一节　根

栽培的梨树，不是由种子长出的单一体，它是由砧木与接穗嫁接而成的复合体，所以梨树的根实际是砧木的根。

一、根的分类

按照根系形成时间长短可分为初生根和次生根。初生根包括吸收根和生长根。

吸收根为长度小于 2 cm、粗 0.3 ~ 1 mm 的白色新根，多数比其着生部位的须根细，也具有根冠、生长点、延长区和根毛区，但不能木栓化和次生加粗，寿命短，一般只有 15 ~ 25 d，更新较快。其主要功能是从土壤中吸收水分和矿质养分，并将其转化为有机物。

在根系生长期间，须根上长出许多比着生部位还粗的白色、饱满的新根，称为生长根。生长根具有较大的分生区，粗壮，生长迅速，每天可延伸 1 ~ 10 mm。苹果生长根的直径平均 1.25 mm，长度在 2 ~ 20 cm。生长根的主要功能是促进根系向根区外推进，延长和扩大根系分布范围，并产生侧生根。生长根也具吸收作用，但无菌根，生长期较长，可达 3 ~ 4 周。

生长根和吸收根的表皮细胞向外突起的管状结构，形成根毛，由含原生质及细胞核的细胞组成。它是果树根系吸收养分和水分的重要器官。根毛寿命较短，一般几天至几周即随吸收根的死亡和生长根的木栓化而死亡。在移栽、贮存和运输苗木时，要注意保护根毛，以便提高栽植成活率。

吸收根、生长根和根毛为根系主要吸收水分、矿质养分的部位，为树体生命活动提供养分。

次生根系分为当年生次生根和多年生次生根。生长根发生木质化和栓质化后可演化为次生根。生长根经过一定时间生长后，颜色由白转黄，进而变褐，皮层脱落，变为过渡根，内部形成次生结构，成为输导根，此过程为木栓化。木栓化后的生长根具次生结构，并随年龄加大而逐年加粗，成为多年生次生根，也叫骨干根或半骨干根。骨干根主要起支撑、固定作用，并可贮藏营养。

二、影响梨根系生长的因素

梨树根系分布范围，受土层、土质、肥水和通气情况影响较大。条件好则深而远，反之则差。一般垂直根深达 1.5 m 或更深。水平根伸展范围常为树冠的 1.5 ~ 2 倍。但吸收根则集中分布在相当于树冠大小的 20 ~ 60 cm 深的表土层。这是施肥水的主要部位。

根系的生长活动，对温度反应敏感。据中国农业科学院果树研究所在河北定县对鸭梨的研究，在 50 cm 深处的根，土温在 0.5 ℃时开始活动，6 ~ 7 ℃时活动明显，21.7 ~ 23.6 ℃时最适于生长。到 27 ~ 29 ℃时生长变缓或停止。在兴城，成年梨树根系，一年中有两次生长高峰。第一次在 5 月下旬至 6 月上旬。此时正是新梢旺长后，土温最适宜，所以这次高峰强，生长量最大。7 ~ 8 月土温过高，根系生长变缓，乃至停止。第二次高峰在 9 月下旬至 10 月果实近成熟或采收后，土温适宜，养分集中，利于根系生长。到 11 月中旬缓慢停止。新根一年延伸 80 ~ 100 cm。但温度适宜，根可不休眠，全年活动，如冬暖的南方和深处的根系。

根系活动的迟早、活动时间的长短、高峰强度的大小、新根发生数量的多少，不但与土温有关，还与土壤水分、养分、通气（氧）状况有密切关系。土壤的含水量,对根系生长也有一定的影响。当根系分布层的土壤含水量达到田间持水量的60% ~80%时,土壤通气性最好。如果温度亦适合,则最有利于根系的生长。当土壤含水量低于田间持水量的40%时,就会因干旱而影响根系的正常生理活动。土壤水分过多,持续时间过长,会引起根系窒息而死,导致全树死亡。所以,迎着高峰期进行的施肥、灌水及松土管理,对强化高峰、扩大根系,形成强大吸收功能十分重要。

此外,根系生长还与地上部器官密切相关。如因旱涝、病虫灾害早期落叶,或因留果过量、枝叶生长不良等,则根系活动迟,时间短而弱,新生根很少,贮藏的养分也少。反过来,又使地上部分下年发芽迟,叶小而黄,新梢弱,开花晚,坐果率低,果子小,叶落早,即所谓"根深则叶茂""叶茂则根深",地下地上密切相关,相辅相成。

第二节 芽

梨芽按性质分为叶芽、花芽、副芽和潜伏芽。

一、叶芽

梨树的生长发育和更新复壮,都是从叶芽开始的,每年都形成大量的叶芽,通过叶芽的发育,实现营养生长向生殖生长的转化,以芽的形式度过冬季不良的环境。梨树一年的生命活动周期,就是从叶芽萌动开始,到新叶芽形成为止的。

(一)叶芽的种类

叶芽分为顶芽和腋芽。顶芽着生于枝条的顶端,芽体较大、较圆。短枝上的顶芽比较饱满。随着枝条长度的增加,叶芽的饱满程度渐差。腋芽着生于叶腋间,在同一枝条不同节位上的芽,饱满度、萌发力和生长势均有明显的差异。枝条基部节位的芽质量差,叶片也小。这主要是由于新生枝条基部的芽原基,发育时间短,营养不足。随着节位的提高,气温升高,叶面积增大,光合作用增强,营养充足,芽的发育状况得到改善。枝条中部的芽,质量最高,最饱满。中部以上各节的芽原基,逐渐得不到足够的营养,加上此时期气温过高,发育期过短,使芽的质量逐渐变差。顶芽和腋芽,在翌年春季大多数都能萌发为枝条。腋芽萌发后,常在枝条基部形成很小的芽,翌年很少萌发。这些不萌发的芽称为隐芽。隐芽只有在受到刺激时才能萌发。隐芽对梨树枝条或树冠的更新起着重要的作用。

(二)叶芽的特性

叶芽具有以下的特性:①梨的叶芽萌发力强,成枝力较弱,但品种不同,萌发力和成枝力也有差异。一般白梨系统各品种芽的萌发力和成枝力中等;秋子梨系统各品种芽的萌发力强,成枝力弱;砂梨系统中的日本梨,芽的萌发力很强,但成枝力极低;西洋梨系统中的各品种,大多数芽萌发力强,成枝力中等。②梨的隐芽潜伏能力很强,寿命长。当受到刺激后,隐芽容易萌发,对树冠的更新复壮有重要意义。③叶芽的再生能力较差。梨茎尖组织培养就不如苹果的容易。④叶芽的早熟性差。叶芽形成后当年不萌发,翌年才能萌发。

(三)叶芽的形成

1. 芽原基出现期

从芽原基出现至芽开始分化鳞片,为芽原基出现期。芽是枝的雏形,春季芽萌发前,雏形枝已经形成。芽萌发后,雏形枝开始伸长;随着芽的萌发,雏形枝的叶腋间,由下而上地发生新的一代芽原基。据莱阳农学院观察,梨枝梢芽原基由4月中旬开始发生,至6月中旬结束。中国梨的短枝常无腋芽。中长枝基部的3~5节叶腋间,一般不发生腋芽,成为盲节。

顶芽是由芽内雏形枝顶端部分或其上的少数叶原基转化而成的。比如由雏形枝梢顶端转化的顶芽原基,一般形成中短枝;如果雏形枝梢顶端继续分化新的雏梢部分,则所转化的顶芽原基就形成长枝。

2. 鳞片分化期

雏形枝芽原基形成后,生长点就由外向内分化鳞片原基,并逐渐发育成固定形态的鳞片。鳞片分化期一直延续到该芽所属叶片停止增大。在鳞片分化期间,由于鳞片的增多和长大,芽的体积明显增大,鳞片的数量因品种和芽的发育状况不同而有差异,一般一个芽有鳞片

12～18个。

叶芽的发育程度，与树体的营养状况和环境条件有密切关系。采用适宜的农业技术措施，可促进芽的发育，改变芽的性质，提高芽的质量。

二、花芽

梨的花芽为混合花芽，一个花芽形成一个花序，由多个花朵构成。大部分花芽为顶生，初结果幼树和高接树易形成一些侧生的腋花芽。一般顶生花芽质量高，所结果实品质好。

三、副芽

副芽着生在枝条基部的侧方。在梨树腋芽鳞片形成初期最早发生的两片鳞片的基部，存在着潜伏性薄壁组织。当腋芽萌发时，该薄壁组织进行分裂，逐渐发育为枝条基部副芽（也属于叶芽），因其体积很小，不易看到。该芽通常不萌发，受到刺激则会抽生枝条，故副芽有利于树冠更新。

四、潜伏芽

潜伏芽多着生在枝条的基部，一般不萌发。梨潜伏芽的寿命可长达十几年，甚至几十年，有利于树体更新。

第三节　枝

一、枝的类型

按生长结果性质的不同，梨树的枝条分为营养枝和结果枝。

（一）营养枝

不结果的发育枝为营养枝。营养枝依枝龄的不同，又分为新梢、1年生枝和多年生枝。春季叶芽萌发的新枝，在落叶以前称为“新梢”；新梢落叶后至第二年萌发前，称为1年生枝；1年生枝萌发后至下年萌发前,称为 2 年生枝;2 年生以上的枝称为多年生枝。1 年生枝,按枝条长度划分为短枝、中枝和长枝。长度在 5 cm 以下的为短枝,长度在5 ~ 30 cm 的为中枝,长度在 30 cm 以上的为长枝。

(二)结果枝

着生有花芽,能开花结果的枝为结果枝。结果枝按长度分为短果枝、中果枝和长果枝。长度在 5 cm 以下的为短果枝;长度在 5 ~ 15 cm 的为中果枝;长度在 15 cm 以上的为长果枝。梨树结果枝结果以后,所留下的膨大部为果台,果台上的侧生分枝称为果台副梢或果台枝。短果枝结果后,果台连续分生较短的果台枝,经过三年后,多个短果枝聚生成枝群,称为短果枝群。短果枝群又分成单轴短果枝群和鸡爪枝。单轴短果枝群又称姜形枝。果台上常抽生一个果台枝的,由于连续结果而成姜形枝;果台上左右两侧抽生两个果台枝,由于连续结果而形成鸡爪枝。很多梨品种靠短果枝群结果。

二、枝的生长

枝的生长,包括伸长生长和加粗生长。二者是由两种分生组织分裂形成的。

(一)伸长生长

伸长生长,是由顶端细胞分裂和细胞纵向延伸实现的。芽萌发后,顶端细胞加速分裂,一些细胞进一步分化成表皮、皮层、初生木质部和髓等组织。由于此时叶片也在生长,枝的生长主要靠梨树体内贮藏的营养来实现,因而伸长缓慢。随着叶片的形成,叶片制造的营养提供新梢生长之用,顶端细胞继续分裂分化,伸长生长明显加快,为新梢旺盛生长阶段。以后,新梢生长又逐渐变慢,直至停止生长。在发芽前,一个枝条的叶原基已基本形成,因此枝条的伸长节数、叶片数不能增加。但营养状况好、水分充足、温度适宜,则有利于细胞的伸长和节间的延伸。梨的新梢(不管哪类)一年一般只有一次加长生长。有时因肥水中断也形成春梢、夏梢两部分。生长最快的高峰期是在落花后半个月左右(5 月)。此后减缓,7 月大部分停止伸长。短枝生长期仅 5 ~ 7 d,中枝 2 周左右停止伸长。

(二)加粗生长

梨树是由形成层细胞分裂分化过程来实现加粗生长的。新梢加粗生长与伸长生长同时进行,但加粗生长较伸长生长停止得晚。加粗生长受树体营养状况的影响很大。营养状况不良,形成分化处于劣势,就影响加粗生长,形成的新梢很细。因此,枝条的粗壮程度反映了梨树营养生长期间管理的好坏和营养水平的高低。

第四节　叶

一、叶的发育过程

梨树叶片的生长发育过程,是从叶原基出现后开始的,经过叶片、叶柄和托叶的分化,直到叶片展开,停止增大为止。大部分梨品种的叶片,展开时为红褐色、黄褐色或浅绿色,随着叶片的不断增大,它的颜色逐渐加深,到叶片停止增大时变成绿色。

二、影响叶面积的因素

不同品种的单叶面积大小不同,一般砂梨系统品种的叶面积大,白梨系统次之,秋子梨系统、西洋梨系统品种的叶面积最小。同一品种不同新梢类型的叶面积大小不同,长梢的叶面积最大,中梢的次之,短梢的最小。如茌梨长梢的叶面积为 700 ~ 1 300 cm^2,中梢的叶面积为 180 ~ 420 cm^2,短梢的叶面积只有 120 ~ 300 cm^2。同一枝条上着生部位不同,叶面积大小不同,新梢中部叶片叶面积较大,先端和基部叶片面积较小。在同一树冠上,内膛较外围叶片叶面积小。同一品种、同类枝条、同一着生位置的叶片,因肥水条件和光照条件的不同,叶面积的大小亦不同。肥水条件好的叶片大而厚,光照条件差的叶片小而薄。

通常以梨树的叶幕厚薄作为总叶面积的标志。一般绿叶层薄,总叶面积小,多表现为低产。如树冠呈层状形、半圆形,叶幕波浪起伏,较厚,就较容易获得高产。

第五节　花

一、花芽分化

（一）花芽分化的时期

花芽分化分为生理分化期、形态分化期和性器官形成三个时期。

第一时期的分化与叶芽没有区别。第一时期中所形成芽的鳞片大小、多少是芽好坏的一种标志，鳞片多而大，则芽质基础较好。鳞片因树种品种、营养状况、枝龄、树势和芽分化生长发育时期的长短等不同而有差异。据莱阳农学院的研究，白梨的顶芽鳞片为14～19片；茌梨长梢顶芽鳞片为12～15片，短梢顶芽鳞片为15～17片。据田野宽一研究，日本梨花芽鳞片为11～20片，多数为13～15片；西洋梨花芽鳞片为10～17片，多数为11～16片。据原江苏农学院对莱阳小香水长梢上芽的初步观察，腋芽鳞片为6～11片，多数为8～9片。大叶节上的芽好，鳞片多数为10～11片。节上叶片小的，芽发育差，鳞片亦少。所以，鳞片的多少、大小，又是母枝好坏、树势强弱以及营养状况的一种形态指标，也是是否能进行花芽分化的条件。

如果第一分化期后芽的营养状况好，则进入花芽形态分化时期，反之，仍然是叶芽。进入形态分化期的芽，往往开始于新梢停止生长后不久，由于树势、各枝条生长强弱、停梢早迟、营养状况、环境条件等不同，花芽分化的开始时期亦有不同。一般在5月上中旬落花后，幼果开始加速生长时，花芽即开始分化。约在6月下旬幼果急速膨大时，花芽便进入大量分化期。花萼一般7月中下旬开始形成，8月中旬大部分形成。8月中下旬雄蕊开始形成，8月下旬至9月中旬雌蕊开始形成。到果实采收时，则大部分花芽都已形成。

中国农业科学院果树研究所在定县观察到40年生鸭梨，花芽分化在6月中旬开始，6月底至8月中旬为大量分化阶段，15～20年生树比老树要迟10多天。据山西果树研究所研究，鸭梨、酥梨花芽分化自7月10日开始。莱阳农学院研究，茌梨花芽分化自6月上旬开始，9月中旬结束,少数可延迟到10月上旬。对具体芽来说,凡短枝上叶片多而大、枝龄较轻、母枝充实健壮、生长停止早的,花芽分化开始早,芽的生长发育亦好。中长梢停长早、枝充实健壮的,花芽分化早,反之则迟。能及时停止生长的中长梢,顶花芽分化早于腋花芽。生长强旺、停梢迟的旺枝,腋花芽分化又早于顶花芽。这一时期,花芽分化生长发育要到冬季休眠时才停止。花芽在此期间依次分化花萼、花瓣、雄蕊和雌蕊原基后进入休眠。不论花芽开始分化早迟,到休眠期停止分化时,绝大部分花芽都形成了雌蕊原基。花芽分化开始迟的,分化速度快,这样花期才能表现出相对的集中。所以,花芽分化开始迟的,因分化及发育的时间短,营养不足,常花朵数较少,发育不良,受精坐果能力差,所结果实也小。

经休眠后的花芽,在第三时期继续雌蕊的分化和其他各部分的发育,直到最后形成胚珠,然后萌芽开花。

(二)花芽分化的条件

花芽的形成,其原因是复杂的,可以说是综合作用的结果。从梨的栽培实践中,可以发现如下四种情况:

第一,根部吸收的水分和氮素很多,但叶的同化作用弱,树体由于糖类少,则表现为枝叶生长不良,不形成花芽。

第二,氮素及水分充足,糖类相应生成,营养生长旺盛,花芽不能形成或难形成,质量亦不佳。

第三,氮素及水分充足,糖类生成较多,营养生长良好,同时糖类还有积累,花芽形成多,结实也不错。

第四,氮素的吸收少,而体内糖类大量积累,营养生长不良,花芽虽形成但结实不良。

因此,应用栽培技术措施创造条件,使梨树出现第三种情况,就能达到丰产的目的。一般的分化必须使芽生长点中的糖类浓度高过一定的程度,花芽才能形成。除有温度、水分和光照等适宜于梨树花芽分化的外界环境条件外,还要有相应的人工栽培技术,才能使树体具有中等营养生长水平,叶片同化作用强,有足够的糖类积累,花芽形成良好。

二、开花

梨的花序为伞房花序,花托杯状,子房下位。萼片5片,呈三角形,基部合生,筒状。花冠轮状辐射对称。花瓣5枚,白色离生,多单瓣覆瓦状排列。雄蕊20个分离轮生。柱头3~5个离生,雄蕊显著高于雌蕊。

梨树的开花物候期主要分为5个时期,分别是:①花芽萌动期:花芽露白至花序长出1 cm;②花序伸长期:花序伸长1 cm至全株第一朵小花开放,这个时期又叫作花朵初开;③初花期:全株第一朵小花开放至全株25%的小花开放;④盛花期:全株小花开放25%~75%;⑤末花期:也可称为终花期,75%以上小花开放至全株最后一朵小花开放完毕。

梨花每花序有花5~10朵。通常可分为少花、中花、多花三种类型。平均每花序5朵以下的,为少花类型,如'明月'、'今村秋'、'慈梨'、'汉源白梨'等;5~8朵的为中花类型,如'白酥'、'鸭梨'、'康德'、'长十郎'、'魁星'、'麻壳'等多数品种;8朵以上的为多花类型,如'二十世纪'、'菊水'、'山西夏梨'、'苹果梨'、'软把梨'、'京白梨'等。梨花序基部的边花先开,先端中心花后开,先开的花坐果好。

梨花期(从初花到终花)一般为5~17 d,其长短因品种、年份而不同,直接受当时气温和湿度影响。当春季气温达到10 ℃时,进入萌芽期,达20 ℃以上时进入初花期,达23 ℃以上时进入盛花期。在南方,秋子梨和白梨的花期较早,西洋梨的花期偏晚,砂梨居中。同一品种不同年份花期迟早亦不同。按花期可将梨分为极早、早、中、晚4个类型,以作为选配授粉树的参考依据。

三、授粉受精和坐果

成熟的花粉通过媒介落到柱头上完成了授粉。亲和的花粉将在柱头上黏着、水合并萌发出花粉管,此后花粉管在花柱中生长,并被引导进入子房,释放精子,完成受精。梨花粉管到达子房的时间一般为3~5 d。授粉受精的适宜温度在24 ℃左右,花粉萌发要求10 ℃以上,

18～25 ℃最为适宜,24 ℃时花粉管伸长最快。据日本林胁极试验,当梨的花粉在开花期的温度为 15～17 ℃时,1 h 后有 50% 发芽,2～3 h 后有 80%～90% 发芽,3 h 后花粉管完全侵入柱头。当温度低于 12 ℃时,花粉发芽及伸长极差;当温度在 10 ℃以下时,几乎成停止状态。梨有效授粉期和最佳授粉期根据品种的不同有所差异,丰水有效授粉期一般为 6 d,最佳授粉期是花后第二天和第三天,每天的 08:00～16:00 均是丰水适宜的授粉时间。

低温、阴雨潮湿和刮大风,不利于梨树授粉受精,花粉很快失去活力;低温不利于昆虫活动,影响传粉。授粉 3 h 后,在气温不低的情况下,降雨对授粉是无影响的。

梨树高产的重要因素之一是提高坐果率,而坐果和授粉有很大的关系。梨属于异花授粉植物,品种内授粉坐果率很低;只有由其他品种的花授粉,才能坐果。'砀山酥梨'、'苹果梨'、'鸭梨'、'博多青'、'南果梨'、'慈梨'和'黄花梨'等品种,均为自花不孕品种。'二宫白'和'小香水'的自花授粉坐果率,只有 0.7%～1.0%;'金梨'、'朝鲜洋梨'和'黄县长把梨',自花授粉坐果率只有 1.9%～2.2%,'晚三吉'自花授粉坐果率为 4%,'新水'自花授粉坐果率为 5.3%。'康德梨'自交结实率较高,为 28.0%。最高的是'日面红梨',自交结实率为 87.0%。此外,授粉品种的花粉量多少,对授粉坐果率也有影响。品种间的花粉量多少不同。如'黄花梨'花粉量大,'二宫白'、'金水 2 号'、'太平'和'祇园'等品种次之,而'新世纪'、'金水 1 号'和'锦香梨'等品种,花粉极少。一些品种内,特别是不同的品种之间,常见不亲和现象。对于不亲和的花粉授粉后,花粉所表现的活动状况,已有不少报道。不亲和的花粉,尽管性器官发育正常,但授粉后花粉在柱头上不萌发,或发芽而花粉管短,或先端膨大破裂,而不能正常受精。梨各品种间花粉的生活力亦不同。据四川农学院研究,各品种的花粉生活力,依'金花'、'崇花'、'苍溪'、'雪山 1 号'、'早白'、'早酥'、'车头'、'金川'、'苹果梨'、'京白梨'、'安梨'和'严州雪梨'的顺序,逐渐减弱。多数品种以盛开花朵的花粉生活力最强。

多数秋子梨、日本梨及西洋梨中的'客发'(Kieffer)等品种坐果率较高,一般每花序可坐3果以上。其他大部分品种可坐双果以上。坐果少的'苍溪梨'、'伏茄梨'等少数品种,常坐果一个。影响坐果数量的因素很多,很复杂,气候、土壤、授粉受精、营养、树势状况等都为影响因子。梨树正常落花落果一般为两次。据中国农业科学院果树研究所对定县鸭梨的研究,在定县落花终期最早为4月21日,最迟为4月30日;莱阳农学院5年间对在梨的研究,落花期最早为5月2日,最迟为5月11日,生理落果期,最早为5月17日,最迟为6月21日。

第六节　果　实

梨的果实是由果肉、果心、种子三部分组成的。花托形成果肉部分,花的子房形成果心,胚珠发育成种子。

梨的果形特征包括果实的形状、大小,表面的颜色、光泽和光滑度等,每个种和品种都有它固有的形态与大小。梨果实形状各异,有圆形、扁圆形、卵圆形、倒卵圆形、圆锥形、圆柱形、纺锤形、葫芦形等各种果形。砂梨品种果实多为球形或扁圆形;白梨品种果实多为圆形、卵圆形和长圆形;秋子梨的果实大多为圆形或扁圆形;新疆梨果实多为葫芦形或卵圆形;而西洋梨果实多为葫芦形。

一、果实的发育过程

梨果实的生长发育模型属于单S曲线形,它生长的全过程可分为3个时期。

(一)果实迅速膨大期

此期从子房开始膨大至出现胚为止。胚乳细胞大量增殖,占据种皮内绝大部分空间。花托及果心细胞迅速分裂,果实迅速增大。纵径比横径增大快,故幼果多呈椭圆形。

(二)果实缓慢增大期

此期自胚出现至胚发育充实止。胚迅速发育增大,并吸收胚乳而逐渐占据种皮内全部胚乳的空间。花托及果心增大较慢。果肉中的石细胞团开始发生,并达到固有的数量和大小。

（三）果实迅速增大期

此期自胚发育充实至果实成熟止。由于果肉细胞体积和细胞间隙容积的增大，果实的体积和重量迅速增加，这时种子的体积增大很少，甚至不再增大，只是种皮由白色变为褐色，进入种子成熟期。

二、果实细胞分裂和膨大

梨果实的生长分为两个主要时期：细胞分裂期和细胞膨大期。这两个时期都伴随着果实内细胞间隙空间的增大，共同决定着果实的生长速度。在生长开始时，细胞分裂占主导地位；从花后 50 d 开始，细胞膨大在整个果实的增大中占最重要的位置。

细胞数量的多少是果实增大的基础，而细胞数量的多少及细胞分裂时期的长短与分裂速度有关。果实细胞分裂期开始于花原体形成后，到开花时暂时停止，花后持续 1 个月左右，但分裂较为缓慢。在花芽分化发育期，应供足养分，以促进细胞分裂，增加果实的细胞数目，为增大果个奠定基础。

随着果实细胞的旺盛分裂，细胞体积也开始膨大，从细胞开始分裂到果实成熟时，细胞体积可增大几十倍、数百倍甚至上万倍。细胞的数目和体积是决定果实大小与重量的两大重要因素。当细胞数目一定时，果实大小主要取决于细胞体积的增大，而细胞体积的增大主要是碳水化合物绝对含量的增长及细胞内水分的增多。在果实的发育期间，充足的碳水化合物积累和水分供应将有利于果实膨大。

三、影响果实发育的主要因子

影响果实发育的因素很多，凡是影响果实细胞生命活动的内外因素，都会促进或抑制果实生长。

（一）种子的数量和分布及萼片宿存与否

梨果实的生长发育对种子的依赖性很强，在不授粉受精或授粉受精不正常的情况下，由于不能形成种子或部分种子败育而导致果实发育异常，引起落果或果实畸形。这是因为种子合成的激素类物质能促进果实生长发育，如在梨幼果发育过程中，种子内赤霉素和生长素含量随种子发育而增加，至种子成熟后，赤霉素和生长素含量下降。因此，种子的多少和分布将会影响到果实的正常生长发育。在生产上外用植物生长调节物质处理能起到与种子相似的作用。

梨果实萼片宿存与否，影响果实发育。脱萼果单果重、纵径、果形指数比宿萼果略低，而横径、硬度、可溶性固形物含量以及饱满种子数较宿萼果高。

（二）养分

梨果实的坐果、幼果生长前期需要的营养物质主要依赖于树体内上年贮存的养分。当养分不足时，子房和幼果的细胞分裂速率及持续时间都会受影响，因而限制果实的进一步发育。果实发育的中后期是体积增大和重量形成的重要时期，这时的叶果比起着重要作用。据研究，当叶果比值较小时，为每个果实提供营养的叶片少、果实营养供应不足，果实难以增大，果实口感也较差。矿物元素在果实中的含量不到1%，但对果实生长发育及营养品质的形成有重要影响。磷有促进细胞分裂和增大的作用；钾对果实的增大和果肉干重的增加有促进作用；氮对钾的效应有促进作用；钙与果实细胞结构的稳定性和降低生理代谢有关，缺钙会引起果实生理病害，一般果实生长后期易出现缺钙生理病害。果实中80%～90%是水分，水分是一切生理活动的基础，因此缺水干旱将严重影响果实的膨大。但果实发育后期，为了提高品质，水分不可过多。

（三）温度、雨量及湿度

梨因种类品种、原产地不同，对温度的要求差异很大，其分布范围也有所不同。在梨果实发育期间，不适宜的温度将影响梨的产量。梨受冻的临界温度因品种不同而有所变化，各器官的耐寒力也不同，花器官及幼果最不耐寒。初春时期乍暖还寒，易发生冻花芽、落花落果现象，如云贵、江浙等地。花期天气晴朗，气温较高，梨花的授粉、受精较好；相反，一旦气温过高，超过适宜温度，树体失水，传粉媒介活动较少，授粉受精不良，从而影响产量。在坐果期温度的升高会降低花朵坐果率。气温变化幅度较大，也会造成梨的落花落果。

梨对雨量的要求和耐湿程度，因种类、品种而异。秋子梨耐湿性差，多分布在年降水量400～500 mm以内的地区；白梨分布区年降水量在400～860 mm；砂梨耐湿性强，多分布于年降水量在1 000 mm以上地区。西洋梨也不耐湿，在南方高温多湿地区栽培生长不良，病害严重或趋于徒长，不易结果。

雨量及湿度对果实皮色影响较大，在多雨高湿气候下形成的果实，果皮气孔的角质层往往破裂，果点较大，果面粗糙，缺乏该品种固有的光洁色泽，以绿色品种如'二十世纪'、'菊水'、'祇园'、'太白'等表现明显。4～6月新梢生长和幼果发育期间，若雨水过多，湿度过高，病害必然严重。

（四）授粉品种

花粉直感是父本花粉对种子和果实的直感效应，表现为影响当年的种子或果实的大小、色泽、风味、内含物以及成熟期等。不同授粉品种对梨单果重、果形、种子数量影响显著。'早黄金'授粉的库尔勒香梨果实单果重最高，为118.2 g，其次为砀山酥梨和翠冠，而'丰水'授粉的库尔勒香梨单果重最小，仅95.8 g，差异达到显著水平。不同授粉品种对库尔勒香梨果实纵径和果形指数（L/D，纵径/横径）影响很小，而对果实横径影响显著。'鸭梨'授粉的库尔勒香梨果实横径最大，为6.32 cm，其次为翠冠，为6.26 cm，而'丰水'授粉的库尔勒香梨果实横径最小，仅为5.83 cm，其次为中梨1号。不同授粉品种对梨果实脱萼率有影响，对库尔勒香梨果实脱萼率较高的授粉品种是'雪青'、'鸭梨'、'中梨1号'、'翠冠'。

四、果实发育过程中内含物的变化

（一）可溶性糖和淀粉含量的变化

日本林真二用'二十世纪'梨进行试验时发现，淀粉于5月下旬至6月上旬在细胞中开始出现，以后少量增加，7月急剧增加，7月下旬含量最多。8月逐渐减少，到9月上旬淀粉几乎消失。'丰水'梨在果实发育的细胞分裂期和果实膨大前期，山梨醇为主要积累糖类，占总糖的80%以上，到8月初葡萄糖和果糖的含量达到总糖的15%和40%，山梨醇含量在果实发育的果实膨大期快速下降，在果实快速膨大后期与成熟及过熟期果实中的山梨醇含量保持平稳,成熟果实中山梨醇含量为总糖的20%左右。蔗糖从果实快速膨大后期开始积累,到成熟期开始占总糖含量的30%。

梨果的糖分主要由果糖、葡萄糖、蔗糖和山梨醇组成,不同栽培种梨成熟果实的糖分组成中,果糖的含量均为最高,占总糖比例的42.22%~57.02%,而其他3种可溶性糖含量在不同系统中存在较大差异。不同品种之间果糖和葡萄糖含量相对稳定,蔗糖和山梨醇含量变化幅度较大。白梨和新疆梨中葡萄糖、山梨醇含量接近,蔗糖含量最低;西洋梨和秋子梨中葡萄糖、蔗糖含量接近,但西洋梨中山梨醇含量较高,而秋子梨的山梨醇含量较低;砂梨中蔗糖、山梨醇含量接近,葡萄糖含量最低。根据糖组分的分布划分,白梨为高葡萄糖和高山梨醇型,砂梨为高蔗糖和高山梨醇型,西洋梨为高果糖和高山梨醇型,秋子梨为高葡萄糖和高蔗糖型,新疆梨为高果糖和高葡萄糖型。

(二)有机酸

果实中含有柠檬酸、苹果酸、奎尼酸、草酸、莽草酸、乳酸、乙酸和琥珀酸等多种有机酸,不同品种中有机酸种类和含量都不同,使不同梨品种果实的风味千差万别。

梨果实中总酸含量的变化范围为1.28~23.47 mg/g FW,平均值7.50 mg/g FW。西洋梨总酸含量均值最高,其次是秋子梨,白梨和砂梨的含量较低,新疆梨最低。这与前者果实风味浓郁、后者果实风味偏淡相吻合。果实中的有机酸总量在整个发育期总体表现为降低,在发育早期含量都较高,然后一直呈下降趋势。新苹梨果实在盛花期后15 d左右,果实中有机酸总量在整个发育期最高,为7.67 mg/g,此后果实中有机酸总量缓慢下降,到60 d时含量为6.70 mg/g;盛花期后60~105 d,果实中有机酸总量缓慢下降到5.16 mg/g,盛花期后105~120 d,果实中有机酸总量迅速积累到6.77 mg/g,然后缓慢下降,到成熟时含量为5.31 mg/g。

果实中有机酸组分很多,但多数品种果实通常以一种或两种有机酸为主,其他只少量存在。按照果实中所积累的主要有机酸含量,可将果实分为苹果酸型、柠檬酸型和酒石酸型三大类型。对5个栽培种98

个梨品种进行分析的结果表明，梨果实中的有机酸主要是苹果酸和柠檬酸，这两种酸占总酸的比例分别是55.91%和37.08%。根据柠檬酸/苹果酸的比值可将不同品种划分为苹果酸优势型和柠檬酸优势型。西洋梨品种柠檬酸/苹果酸比值>1，主要是柠檬酸优势型；秋子梨平均为0.35，主要是苹果酸优势型；白梨、砂梨和新疆梨中两种类型都有，但主要是苹果酸优势型。

温度、光照和水分都会对果实酸的形成产生影响。低温条件有利于梨、苹果、葡萄果实的酸积累和含量提高；低光条件有利于葡萄果实苹果酸含量增加；此外，水分也是影响酸度高低的主要因素，Esteban等报道，灌水比不灌水可显著增加'二十世纪'梨果实中可滴定酸的含量，适度的水分胁迫可使果实酸度降低。比较不同栽培种的可滴定酸含量水平，西洋梨和秋子梨的总酸含量显著地高于其他栽培种，这两个栽培种适宜的栽培区域主要是冷凉干燥、温差大且光照充足的北方地区；而砂梨和白梨品种主要分布在高温、多湿、昼夜温差小、光照时间短的南方区域，新疆梨则主要分布在西北干旱地区，其酸度比适宜生长在南方低纬度地区的砂梨偏低。这些特定区域的环境条件极有可能对酸的积累及含量特征产生较大的影响。

（三）挥发性芳香物质

梨果实挥发性芳香物质的组成芳香物质是果实风味的重要组成成分，是果实商品品质的重要指标之一。梨果实的芳香物质有上百种，根据化学结构的不同，可分为酯类、醇类、醛类、烯烃类以及含硫化合物等。其中，酯类是梨果实的重要芳香物质之一。根据感官评价，芳香物质又可分为果香型、清香型和醛香型等。在梨果实的挥发性芳香物质中，果香型的化合物主要有乙酸乙酯、丁酸乙酯、己酸乙酯、乙酸己酯、癸酸乙酯等；清香型化合物主要是C_6醛和C_6醇，如己醛、1－己醇、2－己烯醛、1－己烯醇等；醛香型化合物主要是指各种挥发性的醛，主要包括C_6醛和C_9醛。'翠冠'、'中梨1号'、'爱甘水'等早熟梨成熟果实中，主要的香气物质是醛醇类化合物，但各品种在不同成熟阶段的香气组成有着不同的特点。随着果实成熟度增加，香气物质的总量在增加，但各类香气物质的变化情况有所不同，醛的绝对含量和相对含量均有增加,而醇的相对含量在各品种间均有减少,但绝对含量在翠冠中呈增加趋势,而另外两品种却为减少。

果实香气不仅与挥发性芳香物质的种类有关,还与挥发性芳香物质的含量有关。挥发性芳香物质的含量可分为绝对含量和相对含量。梨果实中的挥发性芳香物质含量较低,多数为果实鲜重的百万分之一左右。对 11 个亚洲栽培梨的挥发性芳香物质分析发现,西洋梨巴梨(Bartlett)的挥发性芳香物质含量最高,达 6 085.08 g/kg;秋子梨其次,含量从每千克几百到几千微克不等;白梨和砂梨的含量较低,每千克只有几十微克。对 33 个秋子梨品种的芳香物质研究发现,品种间挥发性物质的含量从 889.91 μg/kg 到 5 264.04 μg/kg 不等。'砂糖梨'、'热梨'、'红八里香'、'伏五香'和'龙香'的挥发性物质含量较高,而'六月鲜'、'小白小'、'小香水'、'小核白'以及'龙香 2 号'等早熟品种和'黄山'、'油岩茌'、'白花盖'等果实的芳香物质含量较低,仅为砂糖梨等品种的 1/4 ~ 1/3。

影响香气物质含量的因子如下:

(1)品种(系)。在梨中不同品种间挥发性成分含量不同,胎黄梨中酯类物质含量高于鸭梨(徐继忠等,1998)。

(2)采收时间。生产实践表明,随着梨采收期的推迟,果实的香味逐渐浓郁。

(3)生长调节剂。乙烯生物合成和果实成熟的有效抑制剂 AVG 对梨果挥发物的产生有抑制作用。树体施用多效唑(PP_{333}),明显抑制了果实采收时特征香气的产生。

(4)套袋。套袋不利于香梨果实香气物质的合成。套袋库尔勒香梨果实香气物质总含量低于对照,种类有所减少,特别是"果香型"的酯类化合物明显受到抑制。鸭梨套袋后果实内挥发性成分及含量均发生变化。套袋鸭梨果实内挥发性物质有 24 种,其中酯类 8 种,酮类、醇类、膦类各 1 种,烷类 2 种,未知待定成分 11 种。酯类相对含量为 45.65%,绝对含量为 8.79 μL/100 g 。与未套袋鸭梨相比,大部分酯类含量降低,如辛酸乙酯、癸酸乙酯、棕榈酸乙酯、丙酸乙酯、丁酸乙酯等,并且有一些成分消失,如己酸乙酯、戊酸 - 3 - 甲酯,但却增加了巯基乙酸乙酯、己酸-3-甲酯两种成分。套袋果中醇类变化也较大,1-己醇由未套袋的5.49%增加到13.54%。

(5)贮藏方式。低温贮藏改变了果实的主要香气成分含量,与自然冷凉贮藏相比,冷藏后果实的香气成分种类减少,己醛相对含量降低,(E)-2-己烯醛、1-己醇和α-法尼烯相对含量均显著升高。

(四)色素类物质

叶绿素、类胡萝卜素和酚类色素(主要有花色素、黄酮和黄酮醇等)是决定植物颜色的三大类植物色素。果实着色是由于果实细胞中叶绿素降解,同时形成和显现类胡萝卜素(黄色或橙色)或合成花色素苷(紫色或红色)的结果。不同物质决定不同颜色,研究表明,黄色由类胡萝卜素含量决定,粉红色、红紫色和紫色由花色素的含量多少决定,而橙色则决定于花色素和类胡萝卜素的不同比例。花色素是决定果色的主要色素,类胡萝卜素、叶绿素在着色中起辅助作用。花色素是水溶性色素,存在于液泡中,在果实中以糖苷的形式存在。存在最为普遍的花色素是矢车菊色素,其次分别为天竺葵色素、芍药色素和飞燕草色素,之后为矮牵牛色素和锦葵色素。自然条件下游离状态的花色素极少见,常通过糖苷键形成花色素苷(anthocyanin)。

花色素苷类物质在果皮表层细胞中的合成与积累是梨红色果皮形成的主要原因。Dussi等以西洋梨为试材,测定红色果皮中主要含矢车菊-3-半乳糖苷,次要成分为芍药素-3-半乳糖苷。西洋梨中的主要花色素苷为矢车菊素-3-半乳糖苷,占总花色素苷的63%,其次是芍药素-3-半乳糖苷,占总花色素苷的18%。采用高效液相色谱法对分属不同栽培种的37个着红色梨品种成熟期果皮中花色素苷组分及含量进行分析,研究结果表明,矢车菊-3-半乳糖苷是梨的主要花色素苷成分,而矢车菊-3-葡萄糖苷、矢车菊阿拉伯糖苷、芍药素-3-半乳糖苷以及芍药素-3-葡萄糖苷是次要的组分。其中,西洋梨、白梨、秋子梨以及新疆梨以矢车菊素-3-半乳糖苷和芍药素-3-半乳糖苷为主,分别占总量的68.80%、13.70%;而砂梨以矢车菊素-3-半乳糖苷和矢车菊素-3-葡萄糖苷为主,分别占总量的60.08%、23.67%。

影响红梨花色苷代谢的环境因子如下：

(1)光照是影响红梨花色苷代谢的最重要环境因子之一。被完全不透光的果袋包裹的梨果实能够正常成熟，却不能着色，这说明光直接作用于花色苷的合成。光照对花色苷积累的作用又包括了光强和光质的效应。Dussi 等以红色西洋梨品种'Sensation Red Barlett'为试材研究光质对西洋梨着色的影响，发现相对对照而言，400 ~ 500 nm、500 ~ 600 nm、600 nm 和 700 nm 4 个波段处理材料中的花色苷含量都有升高，但程度各异，其中 600 nm 波段处理对果皮中花色苷合成的诱导效果最佳。光强和光质都对红色砂梨着色具有重要影响，高光强有利于红色砂梨着色，UV－B 和白光在红色砂梨果皮花青苷积累方面具有显著的互作增益效应。

(2)温度 UV－B/白光诱导条件下，高温(27 ℃)诱导红色砂梨品种'云红梨 1 号'果皮中花青苷积累的效应显著优于低温(17 ℃)，这可能缘于高温较低温果皮具有更高的 PAL 酶活性以及 *PyMYB*10 和结构基因 *PpPAL*、*PpCHS*、*PpANS*、*PpUFGT* 的表达水平。不同红色砂梨品种的最佳着色温度和可诱导着色的温度范围均有所不同，红色砂梨'满天红'和'美人酥'最佳着色温度分别为 17 ℃和 12 ℃。

五、果实成熟

果实成熟期的确定主要依据品种特性、果实成熟度和用途以及气候条件，并适当照顾市场供应及劳力调配而定。秋子梨及西洋梨的果实，需经后熟方可食用，需于成熟前数日，即果实大小趋于固定、果面已经转色、果梗易自果台脱离即可提前采收。采收后，宜选冷凉、半暗、干湿适中、温度变化不大的场所进行后熟，手触之有柔软感，且有芳香气味，即为完熟象征。如不及时采收，让其在树上成熟，则果肉松软或发绵，失去固有风味，甚至引起果心腐败，影响品质，且更不耐贮藏。白梨和砂梨的果实，采后即可食用，一般果面变色呈现该品种固有色泽，果肉由硬变脆，果梗易与果台脱离，种皮变为褐色，即可采收。国内近年新选育的部分品种，既有早熟性状，又有自然采收期长的特点，可降低果农的种植风险，如'华梨 1 号'、'华梨 2 号'、'翠冠'、'新梨 7 号'

等，对于这些品种，则可根据市场需要适时安排采收。

供鲜食用的果实可在接近充分成熟时采收。用作贮藏的，应在成熟适度时采收。用作加工的，需考虑加工品的特殊要求，如制梨干和梨酒、梨膏的，需充分成熟时采收，而制罐头用的，可在接近充分成熟时采收，以保证果实的硬度，不同品种果实有不同的硬度。

梨果实采收期均在夏、秋时节，南方此时常遇高温干旱。在高温、干燥、强日照条件下采收的果实，梨果本身温度高、呼吸旺，极不耐贮运。故南方果区采收以在清晨较为冷凉时或阴天采收为宜，采后应尽快分级，然后包装冷藏。南方梨贮运适温为 1 ~ 7 ℃，生产上大都采用 3 ~ 5 ℃。

第三章　梨优良品种

第一节　白　梨

白梨系统的大多数品种果实较大，果皮黄色或黄绿色，果实多为长圆、卵圆、倒卵形，多数品种的萼片脱落。果肉脆甜，汁多，石细胞少，有香味，不经过后熟即可食用。果实一般耐贮藏。喜干燥冷凉气候，抗寒性比秋子梨差，比砂梨强。抗旱性较强。主要栽培地区分布在辽宁的东部和西部、安徽、河北、山东、山西等省，西北各地栽培面积也逐年增多。

一、砀山酥梨

砀山酥梨($2n=34$)原产安徽省砀山县，是古老的地方优良品种。在辽宁、山西、山东、陕西、河南、四川、云南、新疆等省(区)均有栽培。在陕西渭北、山西南部及新疆，栽培品质及外观均优于原产地。品系较多，有'白皮酥'、'青皮酥'、'金盖酥'、'伏酥'等。'白皮酥'品质最好。

叶片长10.3 cm、宽8.9 cm，卵圆形，先端多渐细尖，刺毛状齿缘，叶片两侧微向上卷。树姿半开张，树干表面粗糙。一年生枝黄褐色，皮孔明显，上部曲折性较显著。叶芽斜生，花白色，花冠直径4.76 cm，平均每花序花朵数5.3个，雄蕊20～22枚。

果实大，单果重239 g，纵径7.6 cm，横径7.7 cm，圆柱形，顶部平截稍宽，果皮绿黄色，贮后黄色，果点小而密。果梗长4.6 cm、粗3.2 mm，梗洼浅、中广，果肩部或有小锈块；萼片多脱落，萼洼深、广。果心小，果肉白色，中粗，酥脆，汁液多，味甜。含可溶性固形物12.45%、可溶性糖7.35%、可滴定酸0.10%。果实耐贮藏，可贮至翌年4～5月。

植株生长势较强,40～50 年生树高 7～9 m,冠径 7.5～9.0 m,干周 110 cm 以上。新梢年生长量 30 cm 以上。定植 3～4 年开始结果。以短果枝结果为主,腋花芽结果能力强。短果枝占 65%,腋花芽 20%,中果枝 7%,长果枝 8%。花序坐果率 95%,丰产。在辽宁兴城,4 月上中旬萌芽,盛花期在 4 月下旬至 5 月上旬,果实 9 月中下旬成熟,11 月上旬落叶,果实发育期 126 d,营养生长期 207 d。适应性最广,对土壤气候条件要求不严,耐瘠薄,抗寒、抗病虫能力中等,对黑斑病抵抗能力较弱,但较鸭梨稍强。授粉品种有'花盖'、'鸭梨'、'雪花梨'、'黄县长把梨'、'砀山马蹄黄'和'紫酥梨'等。注意防治黑星病、臭木椿象、果锈等。

二、冬果梨

冬果梨($2n=34$),当地俗称大果子,原产于黄河流域的兰州、皋兰、靖远,榆中、永登、永清、临夏一带均有栽培,敦煌、礼县、武都等地也有少量分布。

叶片卵圆形,长 12.5 cm、宽 6.8 cm,先端急尖,基部圆形,锯齿大,刺毛长;幼叶淡红色。植株高大,枝条开张,树冠呈自然半圆形。主干灰褐色,2～3 年生枝褐色,一年生枝黄褐色,皮孔大,长圆形,稍稀疏。花白色,花冠直径 5.28 cm,每花序花朵数 5.5 个,雄蕊 20～30 枚。

果实中等大,单果重 186 g,纵径 6.6 cm,横径 7.1 cm,果实呈倒卵形。果皮绿黄色,贮藏后黄色,果点中大而密,蜡质中等。果梗长 5.2 cm,梗洼浅、中广。萼片脱落或残存,萼洼深广、中等。果心中等大,果肉白色,肉质稍粗,石细胞较多,肉质松脆,汁液多,味酸甜。含可溶性固形物 13.55%、可溶性糖 7.06%、可滴定酸 0.43%,品质中或中上等。果实耐贮藏,一般可以贮藏至翌年 5 月。

植株生长势强,17 年生树高 3.3 m,冠径 2.9 m×3.1 m。幼树萌芽力强,成枝力中等。4～5 年开始结果,以短果枝和短果枝群结果为主,占 81%,花序坐果率为 90%,平均每个花序坐果 1.0 个。丰产,但管理不善易产生隔年结果现象。在兰州地区,花芽 3 月中旬萌动,4 月中旬盛花,10 月上中旬果实成熟,11 月上旬落叶,果实发育期 140 d 左右，营养生长期210～237 d。

该品种耐旱性较强，耐盐性强；抗寒、抗风力弱；易受椿象、食心虫、梨茎蜂等为害。适应性较广，但要求较高的肥水管理，否则坐果率低。喜沙质壤土。授粉品种有'兰州酥木梨'、'兰州长把'、'兰州蜜梨'等。

三、苹果梨

苹果梨（$2n=34$）产于吉林省延边朝鲜族自治州，据传其原种来自朝鲜京儿道光陵白羊山。主要集中在龙井、和龙、延吉三市，图们、珲春、汪清也有较多分布，在辽西和沈阳、甘肃河西及定西、内蒙古和新疆等地栽培较多。

叶片大，多呈长卵圆形，先端渐尖，深绿色，有光泽，边缘反曲如波浪形。嫩叶及叶柄阳面均有红色晕。主干灰棕色，一年生枝棕褐色，皮孔圆形，密生。新梢刚抽生时，其上密生黄白色茸毛，先端带有橙红色晕。芽小，离生。花白色，花冠直径4.77 cm，平均每花序花朵数8.5个，雄蕊20～22枚，花粉多。

果实大，单果重212 g，纵径6.4 cm，横径7.7 cm。果实呈不规整扁圆形，形态似苹果。果梗长3.6 cm、粗2.9 mm。梗洼中深、中广，有沟纹，具条锈，萼片宿存，萼洼广、中深，有褶皱和隆起。果皮绿黄色，阳面有红晕。果点较小。果心极小，果肉白色，肉质细脆，石细胞少，味酸甜，汁液多。含可溶性固形物12.8%、可溶性糖7.05%、可滴定酸0.26%，品质上等。果实极耐贮藏，可贮至翌年5月。

树势中庸，枝条开张，多呈水平下垂状。9年生树高5.0 m，冠径3.5 m。萌芽率72.0%，剪口下一般多抽生长枝2～3个。定植后4～5年结果。成年树以短果枝结果为主，3～5年生枝上的短果枝结果占71.0%。花序坐果率96%，每序平均坐果1.72个，丰产性强。在辽宁兴城，4月上旬萌芽，盛花期在4月下旬至5月上旬，果实10月上旬成熟，10月下旬至11月上旬落叶。果实发育期140 d左右，营养生长期206 d左右。抗寒性强，能耐－30 ℃低温，抗旱、抗涝能力强，抗风、抗药力差。抗黑星病较强，但易染腐烂病。对栽培管理条件要求较高，在沙滩地栽培，果肉易出现褐色小块木栓化组织，影响果实品质。授粉品种有‘锦丰’、‘朝鲜洋梨’、‘秋白梨’、‘冬果梨’、‘早酥’、‘茌梨’、‘鸭梨’、‘南果梨’和‘延边谢花甜’等。

四、金花梨

金花梨($2n=34$)是四川省农业科学院果树研究所和金川县园艺场于1959年从金川雪梨的实生后代中选出的，产于四川金川县沙耳乡孟家河坝孟化昭家。品系较多，以‘金花4号’为优。为四川省的主栽品种之一。

叶片大，卵圆形，较厚，长15.2 cm、宽8.7 cm，先端渐尖，基部宽楔形或圆形，边缘锯齿尖锐，较细而密，刺芒多内合。幼叶深红色。幼树直立性强，结果后开张，枝条粗壮。主干灰褐色，表面粗糙，纵裂。2~3年生枝棕色。一年生枝黄褐色，皮孔大而突出，圆或长圆形，白色。花白色，每花序5~8朵，花粉量较多。

果实大，单果重250 g，纵径8.7 cm，横径7.5 cm，纺锤形。果面光滑，果皮绿黄色。贮后金黄有光泽，果皮细薄，果点小、中多，外观美丽。梗洼狭小，周围有少量褐锈，萼片脱落或宿存，萼洼中广、深，具棱沟。果心小，果肉白色，石细胞少，肉质细脆，汁多，味甜。含可溶性固形物12.78%、可溶性糖7.60%、可滴定酸0.14%，品质上乘。果实耐贮藏，可贮存至翌年3~4月，贮藏期间病害少。

树势强，半开张，萌芽力强，成枝力中等。定植2~3年结果。以短果枝结果为主，花序坐果率高，丰产。对气候和土壤条件适应性强，较冷凉干燥的北方和温暖多湿的南方均可栽培，对沙壤土和黏壤土都能适应，但在冷凉半干燥气候和中性偏碱的土壤条件下产量、品质最好。在辽宁兴城，4月上中旬萌芽，盛花期在5月上旬，果实9月下旬至10月上旬成熟，11月上旬落叶，果实发育期135 d左右，营养生长期210 d左右。

该品种较抗寒，耐湿、耐旱，抗病虫能力较强，果实易受金龟子为害，注意轮纹病、锈病的防治。适应范围比金川雪梨广。授粉品种有‘苍溪雪梨’、‘锦丰’、‘五九香’等。果台连续结果能力强，花序坐果率高,每花序留单果。

五、鸭梨

鸭梨是我国古老的优良品种,原产河北,以定县产的最著名。华北各地、辽宁、山东、江苏、河南、四川、西北各地均有栽培。

果实近短葫芦形,果肩一侧突起。皮薄,果面光滑有蜡质,果点小(锈色)。皮绿黄色,贮后变黄色,平均果重150～190 g。果枝基部肉质,几乎无梗洼,周围有明显的褐色锈斑。果肉白色,细嫩,松脆,汁极多,微香,味甜,含可溶性固形物12%～13.8%,品质上等。耐贮藏,可贮至翌年3～5月。

树势旺盛,冠大开张。最宜沙滩地栽培,肥沃土(或肥水好)上栽培,树壮冠大,土质差则树弱。一般4～5年生开始结果,以短果枝及腋花芽结果为主,丰产。抗旱力较强,抗寒力中等(花芽易受冻害),对黑星病和食心虫抵抗力较弱。适应性广,适宜在华北、西北地区栽培发展。在河北原产地9月上中旬果实成熟。可用'茌梨'、'秋白梨'、'雪花梨'、'锦丰梨'、'早酥梨'、'京白梨'、'库尔勒香梨'等作授粉树。

该品种品质好、晚熟、耐贮藏,适宜在冷冻地区栽培。栽培时,注意病虫防治,在多雨潮湿地区,更要加强病害防治。

第二节　砂　梨

砂梨系统中大多数品种,果实呈长圆形、扁圆形或近似圆形,成熟时果皮褐色,少数是黄绿色。萼片多数是脱落的,少数宿存。果肉是脆型,多汁,味淡甜,无香味,不经后熟即可食用。多数品种果实贮藏性不如白梨系统。

主要栽培地区分布在长江流域和淮河流域,华北、东北地区也有栽培。喜温暖潮湿气候,抗寒力不如白梨系统。

一、灌阳雪梨

灌阳雪梨($2n=34$)原产广西灌阳,为广西优良品种。有小把子雪梨、大把子雪梨和假雪梨3个品系。以小把子雪梨品质最好。灌阳及其周围地区栽培较多。

叶片宽卵圆形，长11.9 cm、宽7.6 cm，叶缘具粗锯齿，有刺芒。树姿较直立，树冠倒圆锥形，主干灰褐色，一年生枝暗褐色。花白色，花冠直径4.1 cm，每花序花朵数7.2枚。

果实中等大，单果重168 g，纵径7.1 cm，横径6.6 cm，长圆形或倒卵圆形。果皮黄褐色，果梗长3.9 cm、粗2.9 mm，梗洼浅、中广，萼片脱落，萼洼中深、中广。果肉白色、肉质中粗，脆，汁液多，味酸甜。含可溶性固形物14.77%、可溶性糖7.23%、可滴定酸0.21%，品质中上。

树势中庸，萌芽率61%，成枝力弱。在辽宁兴城，4月上旬花芽萌动，5月上旬盛花，9月中下旬果实成熟，11月中旬落叶。果实发育期126 d，营养生长期219 d。丰产，较耐旱、耐涝，但抗病虫能力较弱。

二、洞冠梨

洞冠梨（$2n=34$）原产广东省阳山县洞冠村。

树势强，丰产，始果年龄中等。叶片长8.9 cm、宽5.7 cm，卵圆形，初展叶绿色，着红色。花蕾白色，每花序3～8朵花，平均6.1朵；雄蕊18～31枚，平均22.9枚。在湖北武汉，果实9月上旬成熟，单果重581 g，纵径9.3 cm，横径10.7 cm，阔圆锥形或阔卵圆形；果皮褐色；果心极小，5心室；果肉白色，肉质细，脆，汁液多，味甜；含可溶性固形物8.7%、可滴定酸0.19%；品质中上等。

三、翠冠

浙江省农业科学院园艺研究所培育。母本为'幸水'，父本为'杭青'×'新世纪'。早熟、高产、优质，且生长势旺，适应性强。1999年通过浙江省农作物品种审定委员会审定。目前已在浙江、重庆、四川、江西等地大面积栽培，果品受市场欢迎。

果实圆或长圆形，果皮黄绿色，平滑，有少量锈斑。单果重230 g，最大单果重500 g。果肉白色，果心较小，石细胞少，肉质细，酥脆，汁多，味甜。含可溶性固形物11.5%～13.5%，品质上等。在杭州地区果实成熟期为7月底。

树势强,树姿较直立,花芽较易形成,丰产性好。定植3年结果。抗性强,山地、平原、海涂都宜种植。抗病、抗高温能力明显优于日本梨。株行距(2.5~3)m×4 m为宜。采用疏散分层形整形修剪,定植苗60 cm定干;采用开心形,定植苗45 cm定干。前期要注意拉枝,开张主枝角度,提早结果。进入盛果期后应进行疏花、疏果。通过套袋,可改善果面状况,大大提高商品性,好果率能提高到95%以上。授粉品种有'清香'、'黄花'等。

四、黄花

浙江农业大学选育。母本为'黄蜜',父本为'三花梨'。1962年杂交,1974年育成。福建、湖北、浙江、江苏、江西、湖南、重庆等省(市)均有栽培。

树势强,树姿开张。萌芽率较高,成枝力中等,易形成腋花芽和短果枝。定植2年部分树结果。果台副梢具有连续结果能力,易形成短果枝群。平均每果台坐果2~3个。在武汉地区,3月初花芽萌动,3月下旬盛花,花期长。果实8月中旬成熟。

单果重230 g,果实阔圆锥形,果皮底色黄绿,果面有黄褐色锈,果点中等大。果梗长3.3 cm、粗3.0 mm。梗洼中深、中广,萼片宿存,萼洼中深、中广。果心中大或小,果肉白色,肉质细,松脆,汁液多,味甜。含可溶性固形物11.8%~14.5%,品质上等。较耐贮运。

树冠中大,株行距以(2.5~3) m×4 m为宜。修剪时前期注意拉枝,提高早期产量。进入盛果期后,则注意短剪与长放相结合。合理促、控,使树体有比较合理的负载量,保证年年丰产。抗逆性强,耐高温多湿,对黑星病、黑斑病和轮纹病抗性较强。在浙江省沿海地区易受台风危害。授粉品种可选用'杭青'、'新世纪'、'翠冠'、'雪青'等。

五、华梨1号

华中农业大学育成。以日本梨'湘南'为母本、'江岛'为父本,杂交育成的晚熟、丰产、优质梨新品种。1997年通过湖北省农作物品种审定委员会审定。现已在湖北、湖南、四川、江西、安徽、浙江、上海等省(市)引种试栽。

果实广卵圆形,浅褐色,单果重 310 g,最大单果重 700 g 以上。果肉白色,肉质细,酥松,石细胞少,汁液多,味甜。含可溶性固形物 12.0% ~13.5%、可滴定酸 0.09% ~0.11%,品质上等。室温下可贮放 20 d 左右。

树势强,树姿开张,层性明显。萌芽率高,成枝力较弱。一年生枝粗壮,节间较长。初结果幼树以中、长果枝结果为主,盛果期树以短果枝结果为主。连续结果能力强。进入结果期较早,丰产、稳产。在湖北省武汉,3 月上旬花芽萌动,3 月中下旬初花,4 月下旬落花,9 月上旬果实成熟。对黑斑病、粗皮病抗性较强。

不宜高度密植,须以宽行密株,中度密植,可采用行株距(4 ~5) m×(2 ~3) m。树形可采用疏散分层形。

六、苍溪梨

苍溪梨($2n=34$),是砂梨中较优的品种,原产四川苍溪,四川各地栽培较多,国内各梨区均引种栽培。

果实阔瓢形、长卵圆形,深褐色,果点较多,果个大(重 350 ~500 g)。果皮较粗糙,果皮薄。果梗细长(5 ~6 cm),萼片脱落。果心小,果肉绿白色,嫩细脆,石细胞少,汁多,味甜清香,含可溶性固形物 11% ~14%,品质中上或上等。较耐贮藏,能贮至翌年 1 ~2 月。

幼树生长势旺,成年树势趋向中等,3 ~5 年生开始结果,以短果枝结果为主,丰产。自花不孕,必须配置授粉树,可用‘鸭梨’、‘茌梨’、‘明月’、‘博多青’、‘金川雪梨’、‘崇化大梨’、‘二宫白’等作授粉树。适应性强,喜温暖潮湿气候,在瘠薄地、河滩地、黄土高原、环境差的高山区生长结果均正常;当然,在肥沃沙壤土上栽培,果实品质最好。耐旱,采前易落果,易遭食心虫和黑星病为害。在四川苍溪 8 月上中旬果实成熟。

该品种品质较好,较耐贮藏,丰产,适应性广。要注意病虫防治,适宜温暖多雨地区(如淮河流域、长江流域)栽培。

七、秋黄梨

韩国农村振兴厅园艺研究所选育，母本为‘今村秋’，父本为‘二十世纪’，1985 年育成。

果实圆锥形，果皮深黄褐色，单果重 395 g，最大果重 800 g。果肉白色，石细胞较少。汁液多，味甜。含可溶性固形物 14.1% ~16.0%，品质上等。果实 10 月中旬成熟。采后常温下可贮藏 90 ~ 100 d，低温下可贮 150 d 以上。

树势强，树姿半开张。萌芽率高，成枝力低，易形成短果枝和腋花芽。花粉量多，多作为授粉树。选择土壤疏松透气、有机质充足的土地建园。抗黑斑病，较抗梨黑星病。

八、黄金梨

韩国农村振兴厅园艺研究所选育，母本为‘新高’，父本为‘二十世纪’，1984 年育成。

果实圆形，果皮黄绿色，单果重 430 g，果肉白色，肉质细，汁液多，味甜。含可溶性固形物 14.9%，品质上等。果实 9 月中下旬成熟。

树势强，树姿半开张。成枝力较弱，易形成短果枝和腋花芽，果台较大，不易抽生果台副梢，连续结果能力差。对肥水条件要求较高。花粉败育，不能作授粉树，但与大多数品种亲和，坐果率高。抗黑斑病。可适度密植，修剪以拉枝为主。结果后注意更新修剪。

第三节　秋子梨

秋子梨系统中多数品种的果实，呈圆形或扁圆形，果个较小，果皮黄绿色或黄色，萼片宿存。采收时果肉硬，石细胞多，有的品种果肉还有涩味。多数品种果实必须经过存放后熟，方能食用。经后熟的果实，肉变软，甜味增加，酸甜适口，香味浓郁。有些品种果实，可以冷冻，冻藏后的果肉软化，变黑褐色，酸甜风味好。少数品种梨果在采收时即可食用。

秋子梨系统的品种抗寒力很强，是梨中最抗寒的一类品种，风土适应性也很强，是寒冷地区栽培发展的梨品种。主要分布在东北、西北、华北地区的寒冷地带。多数品种的果实不耐贮藏。以下主要介绍软儿梨。

软儿梨（$2n=34$），青海、甘肃、宁夏黄河沿岸地区的地方品种，主要分布在宁夏、青海及陇中的一些城镇附近。

叶片卵圆形，长 8.7 cm、宽 6.3 cm，先端急尖，基部截形，叶面平展，绿色，锯齿短小。树姿开张，枝条稠密，树冠层性明显。主干灰黑色，2～3 年生枝灰褐色，一年生枝暗褐色，新梢细，皮孔小而圆，稀疏。花白色，花冠直径 4.30 cm。平均每个花序花朵数 6.3 枚。

果实中等大，单果重 127 g，纵径 5.5 cm，横径 6.4 cm。果实扁圆形，果面微显不平。果皮黄绿色，贮后转黄色，有蜡质光泽。果皮厚、韧，果点中大、稀少，圆形。果梗长 4.4～5.3 cm，梗洼中深、中广。萼片宿存或残存，萼洼中深、中广。果心中大，果肉水白色，肉质较粗紧密、韧。果实采收时汁液少，石细胞多，贮藏 1 个月左右后熟，果肉变软甜酸，香味浓，汁液多。含可溶性固形物 13.43%、可溶性糖 8.91%、可滴定酸 0.61%，品质中等。

树势强，萌芽力、发枝力均强。定植 4～5 年结果，以短果枝为主，果枝群寿命较短，丰产稳产。在辽宁兴城，4 月上旬萌芽，盛花期在 4 月下旬至 5 月上旬、9 月下旬果实成熟，11 月上旬落叶。果实发育期 140 d，营养生长期 210 d。耐瘠薄、在红黏土上生长结果正常，沙壤土栽培表现较好。耐旱性强，抗风力及花期抗霜能力中强。主要病害有梨树腐烂病等。授粉品种有‘京白梨’、‘冬果梨’、‘红霄梨’等。

第四节　新疆梨

可能为西洋梨与白梨的杂交种，分布于新疆、甘肃、青海一带。特点：果形似西洋梨，多数果梗长，叶缘有细锐锯齿，形态变异大。以下主要介绍库尔勒香梨。

库尔勒香梨（$2n=34$），新疆南部古老地方品种，以库尔勒地区栽培最多、最为有名,我国北方各省有少量栽培。

叶片卵圆形,长10.0 cm、宽7.5 cm,先端尖,基部楔形或圆形,叶面两侧微向上卷,幼叶初展时呈黄色,渐渐变绿色。主干灰褐色,纵裂。幼枝无茸毛、皮孔多而显著。

果实中等大,单果重110 g左右,纵径5.9 ~7.3 cm,横径4.7~6.2 cm。果实倒卵圆形或纺锤形。果面光滑或有纵沟,果皮青黄色、阳面微带红晕,果点极小,果皮薄。萼洼凹或凸,萼片脱落或宿存。果梗长3.7 ~4.2 cm,梗洼狭、浅,5棱突起。果心大,5心室。果肉白色,肉质细,酥脆、汁液多,近果心微酸。含可溶性固形物13.30%、可溶性糖9.62%、可滴定酸0.10%,品质上等。果实耐贮藏,可贮至翌年4 ~5月。

树势强,树冠呈披散形或自然半圆形,枝条开张。60年生树高5.9 m,冠径6.2 m×5.9 m。萌芽力中等,发枝力强。植株寿命长。定植4年左右结果,一般20 ~50年为结果盛期,以短果枝结果为主,约占73%,腋花芽和中长果枝结果能力亦强,花序坐果率99%,平均每序坐果1.6个。在管理得当的条件下,可实现连年丰产。在辽宁兴城,4月上旬萌芽,盛花期在5月上旬,9月下旬至10月上旬果实成熟,11月上旬落叶。果实发育期15 d左右、营养生长期210 d。抗寒能力中等,抗病虫能力较强,抗风能力较差。授粉品种有'鸭梨'、'砀山酥梨'等。

第五节 西洋梨

西洋梨原产欧洲。引入我国的西洋梨栽培面积很少,我国自己培育的品种也不多,主要分布在渤海湾、黄河故道和西北地区。西洋梨中多数品种果实是葫芦形或倒卵形,黄色或黄绿色,萼片宿存,果梗粗短。果实经过后熟,肉变软方能食用,风味变佳。果实不耐贮运,开始结果早,但植株寿命短,抗寒力较弱。

一、巴梨(香蕉梨)

英国品种,原名Bartlett,为世界上栽培最广泛的西洋梨品种。在我国渤海湾、黄河故道地区栽培较多。

果实短葫芦形，绿黄或黄色，有些果面有浅红晕，果个中大（重150～250 g）。果面凹凸不平，果点小而多，有光泽。果梗粗短，萼片宿存。果肉细乳白色，石细胞少。经7～10 d后熟，果肉变软，汁特多，易溶于口，味酸甜浓香，含可溶性固形物12%～16%，品质上等或极上等。果实不耐贮藏（存放20 d左右）。可制罐头。

幼树生长健旺，成年树势中等，栽后3～5年开始结果，以短果枝结果为主，丰产，稳产，一般树寿命20～30年，早衰（盛果期后树易衰老）。适应性广，喜温暖气候和沙壤土，但在山地、黏重的黄土地上也能适应；抗黑星病和锈病能力较强，抗寒力弱（－25 ℃严重受冻），易染腐烂病，易受食心虫和蚜虫为害。在山东烟台8月上旬、青海民和8月下旬果实成熟。自花不实，要配置适当授粉树，适宜的授粉树有'日面红'、'伏茄梨'、'二十世纪'、'冬香梨'、'考密斯'、'大香水'等。

该品种质优、较丰产，果较大，除鲜食外，又可制作罐头。但果不耐贮藏，植株寿命短，易染腐烂病。

二、茄梨（克拉普、客赏梨、早巴梨）

美国品种，原名Clapp′s Favorite，在我国大连、胶东沿海地区栽培多些，陕西、河南、云南、贵州等地也有少量栽培。

果实葫芦形，绿黄色，阳面有红晕，果面光滑，果点小，美观，重175～200 g。果梗粗短，基部肉质，偏向一侧，萼片残存。采收时，果肉细脆，即可食用。经7～10 d后熟，肉变软，易融于口，多汁味甜，有香味，含可溶性固形物10%～16%，品质中上或上等。果实不耐贮藏（可贮20 d），可制罐头。

在山东威海7月中下旬、陕西7月下旬至8月上旬果实成熟，熟期在巴梨之前。生长势强，树冠大，栽后4～5年结果，以短果枝结果为主，较丰产稳产。在西洋梨中属最抗寒品种，抗腐烂病能力较强，其他病虫也较少。对土壤要求不严，在黏重土壤上生长仍正常。可用'巴梨'、'日面红'作授粉树。

该品种品质较优，外形美，鲜食和制罐两用，适应性和抗性较强。

果实不耐贮藏。

第六节　种间杂交种

一、黄冠

河北省农林科学院石家庄果树研究所以‘雪花梨’为母本、‘新世纪’为父本育成。1977 年杂交，1996 年通过农业部鉴定，1997 年通过河北省林木良种审定委员会审定。

叶片长 12.9 cm、宽 7.6 cm，椭圆形，叶尖渐尖，叶基心脏形，叶缘具刺毛状锯齿。嫩叶绛红色。树冠圆锥形，树姿直立。主干及多年生枝黑褐色，一年生枝暗褐色。皮孔圆形、中等密度。芽斜生、较尖。花白色，花冠直径 4.6 cm，花药浅紫色，平均每花序 8 朵。

果实椭圆形，单果重 235 g，纵径 7.5 cm、横径 6.9 cm。果皮黄色，果面光洁，果点小、中密。梗洼窄、中广。萼片脱落，萼洼中深、中广。外观极好。果心小，果肉白色。肉质细松脆，石细胞少，汁液多，味酸甜。含可溶性固形物 11.4%、可溶性糖 9.38%、可滴定酸 0.20%，品质上等。自然条件下可贮藏 20 d，冷藏条件下可贮至翌年 3~4 月。

树势强，8 年生树高 4.4 m，干周 37.2 cm，冠径 3.5 m×3.1 m，新梢长 86 cm、粗 0.62 cm，节间长 4.3 cm。萌芽率高，成枝力中等。定植 2~3 年结果。以短果枝结果为主，短果枝占 68.9%，中果枝占 10.8%，长果枝占 16.8%，腋花芽占 3.5%。每果台可抽生 2 个副梢，连续结果能力强。平均每果台坐果 3.5 个。采前落果轻，极丰产稳产。在河北石家庄，花芽萌动期 3 月中下旬，初花期 4 月上中旬，终花期 4 月中旬，花期 7 d；新梢 6 月下旬停长，幼旺树可二次生长果实 8 月中旬成熟，落叶期 10 月下旬或 11 月上旬。果实发育期 120 d，营养生长期 220~230 d。黑星病感病率均明显低于‘鸭梨’和‘雪花’，感病叶仅表现隐约黄斑，而不出现黑霉，‘鸭梨’和‘雪花’的感病叶多出现明显黑斑。授粉品种有‘冀蜜’、‘雪花梨’、‘早酥’等。

二、早酥

中国农业科学院果树研究所以'苹果梨'为母本、'身不知'为父本育成。1956 年杂交,1969 年命名。除极寒冷地区外,全国各梨产区均可发展。梨育种重要核心亲本之一。

叶片长 10.6 cm、宽 6.3 cm,卵圆形,叶尖长尾尖,叶基圆形。树姿半开张,主干棕褐色,表面粗糙,2~3 年生枝暗棕色,一年生枝红褐色。花蕾粉红色,花瓣白色,边缘微红,花冠直径 3.7 cm,平均每序 8.6 朵花,花粉量多。

果实圆锥形,单果重 234 g,纵径 8.4 cm,横径 7.5 cm。果顶突出,表面有明显棱沟。果皮黄绿色,果面平滑,具蜡质光泽,西北地区栽培阳面有红晕,美观。果皮薄而脆,果点小,不明显。果梗长 4.0 cm、粗 3.7 mm;梗洼浅而狭,有棱沟。萼片宿存,中等大,直立,半开张;萼洼中深、中广,有肋状突起。果心中小,5 心室。果肉白色,肉质细。酥脆,石细胞极少,汁液特多,味淡甜。含可溶性固形物 11.00%、可溶性糖 7.23%、可滴定酸 0.28%,品质上等。果实室温下可贮放 1 个月左右。

幼树生长势强,结果后中庸。10 年生树高 4.5 m,干周 17.2 cm,冠径 3.8~3.9 m。新梢长 43.5 cm、粗 0.6 cm,节间长 3.4 cm。萌芽率 84.8%,剪口下平均抽生 2 条长枝。定植 2~3 年结果,极易形成短枝,中果枝及腋花芽均可结果。各类结果枝的比例为短果枝 91%、中果枝 6%、腋花芽 3%。花序坐果率 85%,平均每序坐果 1.9 个。连续结果能力强,丰产稳产。采前落果轻,大小年不明显。在辽宁兴城,4 月上旬花芽萌动,5 月上旬盛花,8 月中旬果实成熟,10 月下旬至 11 月上旬落叶,果实发育期 94 d,营养生长期 209 d。对土壤条件要求不严,抗寒力和抗旱能力均强,食心虫为害轻,自花结实力弱,需配置授粉树,授粉品种有'锦丰'、'雪花梨'、'砀山酥梨'、'苹果梨'、'鸭梨'等。结果过量,树势易衰弱。

三、中梨 1 号

中国农业科学院郑州果树研究所育成。母本为'新世纪',父本为'早酥'。1982 年杂交,2003 年获植物新品种权,2003 年通过河南省林木良种审定委员会审定,2005 年通过国家林木新品种审定。

叶片长卵圆形,长 12.5 cm、宽 6.4 cm,叶缘锐锯齿。新梢及幼叶黄色。树姿较开张,冠型圆头形,主干灰褐色,表面光滑,一年生枝黄褐色,皮孔小,节间长 5.3 cm。叶芽中等大小,长卵圆形,花芽心脏形。每花序花朵数 6~8 个。花冠白色。种子中等大小,狭圆锥形,棕褐色。

果实近圆形或扁圆形,单果重 250 g,果面较光滑,果点中大,绿色。果梗长 3.8 cm、粗 3.0 mm;梗洼、萼洼中等深广;萼片脱落。果心中大,5~7 心室,果肉乳白色,肉质细,脆,石细胞少,汁液多,味甘甜。含可溶性固形物 12.0%~13.5%、可溶性糖 9.67%、可滴定酸 0.085%,品质上等。

树势较强,8 年生树高 3.3 m,冠径 3.5 m×3.2 m,干周 38 cm。萌芽率 68%,成枝力中等。定植 3 年结果。以短果枝结果为主,腋花芽也能结果。果台可抽生枝条 1~2 个,连续结果能力强,花序坐果率 75%。自花结实率 35%~53%。平均每果台坐果 1.5 个。采前落果不明显,极丰产,无大小年。在郑州地区,花芽萌动期为 3 月上中旬,盛花期 4 月上旬,果实成熟期 7 月中旬,落叶期 11 月下旬。果实发育期 95~100 d,营养生长期 215 d。货架期 20 d,冷藏条件下可贮藏 2~3 个月。喜深厚肥沃的沙质壤土,红黄壤、棕黏壤及碱性土壤也能正常生长结果,抗旱、耐涝、耐瘠薄。在四川省高温多湿气候条件下,表现出生长旺盛、早果、丰产、品质优良等特性。在前期干旱少雨、果实膨大期多雨的年份,有裂果现象,在四川、重庆等地区易感黑斑病。授粉品种有'早美酥'、'金水 2 号'、'新世纪'等。

四、湘南

日本品种,亲本为'长十郎'×'今村秋'。

果大,平均单果重 326 g,最大果重可达 600 g。阔圆锥形,果皮褐色或红褐色，果面较粗糙。果肉白色，果心中大，肉质中粗、松脆，石细胞少，汁液多，酸甜适度。可溶性固形物含量 10.4% ~12.0%，品质中上。

树势中庸，树姿开张。萌芽力较高，成枝力较弱。早果，成苗定植第二年可结果。以短果枝结果为主，每果台 1 ~3 个果。花芽极易形成，高产、稳产。武汉地区 8 月底 9 月初成熟，果实较耐贮运。不抗黑斑病、轮纹病。

五、新世纪

日本冈山县农业试验场石川侦治育成，1945 年命名。母本为‘二十世纪’，父本为‘长十郎’。在浙江、上海、湖南、湖北、河南等地栽培。

果实中大，单果重 200 g，最大 350 g 以上。果实圆形，果皮绿黄或淡黄色，表面光滑。萼片脱落。果肉黄白色，肉质松脆，石细胞少，果心小，汁液中多，味甜，含可溶性固形物 12.5% ~13.5%，品质上等。在河南郑州，3 月上旬花芽萌动，3 月下旬盛花，果实 8 月上旬成熟。

树势中等，树姿半开张。以短果枝群结果为主，果台枝抽生枝条的能力较强。定植 2 ~3 年结果。坐果率高，丰产、稳产，大小年结果现象不明显，连续结果能力强。雨水多的地区裂果较严重，采收期过晚易落果。抗旱、耐涝、抗寒性优于‘幸水’，适宜在高温、多雨地区栽植，对多种病害有较强的抗性。

六、早白蜜

早白蜜是以‘幸水’作母本、‘火把’作父本杂交育成的梨早中熟优质新品种，2009 年 12 月通过云南省林木品种审定委员会审定。

树冠纺锤形，树姿半开张。树干灰褐色、光滑。成熟枝条褐色，平均长 70.0 cm、粗 0.6 cm，节间长 3.2 cm，皮孔长圆形，稀少；新梢黄绿色。叶片卵圆形，浓绿色，平均长 9.5 cm、宽 6.5 cm，革质，平展；叶缘呈锐锯齿，叶尖为渐尖形，叶基为宽楔形；叶面平展，相对于枝条呈水平着生，叶柄基部无托叶。顶部幼叶红色，嫩叶叶背有少量茸毛。花芽肥大，心脏形。叶芽中等大小，卵圆形，斜生。每花序有花 6 ~8 朵。花蕾粉红色。花冠白色,花瓣 8 ~ 11 瓣,圆形,相对重叠,每朵花有雄蕊 30 ~38枚、雌蕊 7 ~8 枚,柱头与花药等高,花药红色。

果实卵圆形,平均单果重 250.0 g,最大果重 350.0 g。果面光滑、洁净,果点小而疏,无果锈,外形美观。果梗长 3.8 cm、粗 0.3 cm,木质化,梗洼极浅,萼洼中等而平滑,萼片脱落。果心中等偏小,中位,五心室。单果有种子 8 ~10 粒,种子长卵圆形,棕褐色。果肉乳白色,肉质细、酥脆,石细胞极少,风味甜,无涩味,品质上等。果实含可溶性固形物 12.80%、可溶性糖 8.80%、可滴定酸 0.29%。冷藏条件下,可贮藏 2 ~3 个月。

生长势中强,10 年生树高 2.8 m,南北冠径 2.5 m,东西冠径 4.5 m。萌芽率高,成枝力中等,果台枝抽生能力强。以短果枝结果为主,短果枝占 87.0%,中果枝占 9.0%,长果枝占 3.0%,腋花芽占 1.0%,果台枝连续结果能力强。花序着果率 90% 以上,自花不结实,需配置授粉树或人工辅助授粉。早结性好,丰产,无大小年现象。适应性广,抗旱,耐涝,耐瘠薄,喜深厚肥沃的沙质壤土,在红黄壤及碱性土壤上也能正常生长结果,在有机质含量高的沙壤土、河滩冲积土上栽培品质更佳。很少发生梨黑星病和黑斑病,但有梨干腐病和梨瘿蚊的发生为害。

七、红香酥

中国农业科学院郑州果树研究所以'库尔勒香梨'为母本、'郑州鹅梨'为父本育成。1980 年杂交,1997 年和 1998 年分别通过河南省与山西省农作物品种审定。2002 年通过全国农作物品种审定委员会审定。

叶片卵圆形,长 11.0 cm、宽 7.4 cm,叶缘呈细锯齿状且整齐,叶尖渐尖,叶基圆形。树冠圆锥形,树姿较开张。主干及多年生枝棕褐色,较光滑,一年生枝红褐色。每花序平均 6 ~8 朵花,花瓣白色,倒卵形,花粉粉红色。种子红褐色,饱满。

果实纺锤形,单果重 200 g,纵径 7.8 cm、横径 5.6 cm。果面洁净、光滑,果点大。果皮底色绿黄,阳面着鲜红色。果梗长 5.7 cm、粗 2.5 mm,梗洼浅、中广。萼片残存。果实萼端微突起,萼洼浅而广。果肉白色，肉质细、松、脆，石细胞少，汁多、味甘甜。含可溶性固形物13.0%～14.0%、可溶性糖9.87%、可滴定酸0.025%，品质上等。较耐贮藏，常温下可贮2个月。冷藏条件下可贮至翌年3～4月。

树势强，7年生树高3.6 m，干周40 cm，冠径3.6 m×3.9 m。枝条硬脆，新梢生长量约77 cm，节间长4.5 cm，萌芽率90%，成枝力强，延长枝剪口下可抽生3～4个长枝。早果性好，3年生开花株率可达30%～40%。以短果枝结果为主，短果枝占75%，中果枝占16%，长果枝占6%，腋花芽占3%。果台枝抽生能力中等，果台连续结果能力强，连续2年结果果台比例为49%，每果台平均坐果1.8个，花序坐果率89%。采前落果不明显，丰产、稳产。在郑州地区，3月上旬花芽萌动，盛花期4月上旬，果实9月中下旬成熟，果实发育期140 d。落叶期11月上旬，营养生长期235 d。高抗梨黑星病。粗放管理的梨园有腐烂病发生。易遭受梨木虱和食心虫类为害。授粉品种有'砀山酥梨'、'早美酥'、'金星'、'中梨1号'等。

第四章 梨苗木的培育

梨树在遗传性状上高度杂合，种子为自然杂交种，后代性状分离严重，通过种子繁殖根本无法保持亲本的经济性状，生产上主要采用嫁接等无性繁殖的方法。不同的梨品种无性繁殖技术和效率存在差异，但整体来说梨树的嫁接繁殖方法简单，成活率高。因此，培育梨树苗木时，必须先培育砧木苗，然后嫁接栽培品种接穗。梨树苗木质量的好坏，直接影响到建园的效果和果园的经济效益。因此，培育品种纯正、砧木适宜的优质苗木，既是梨树良种繁育的基本任务，又是梨树栽培管理的重要环节。

第一节 苗圃地的选择

梨树苗圃是培育和生产优质苗木的基地。苗圃的地势、土壤、pH值、施肥、灌溉条件、病虫害防治及管理技术水平，直接影响苗木的产量、质量以及苗木的生产成本。改革开放以来，我国梨树种苗业在行业管理、法规标准、质量监督和生产供应等方面形成了较为完备的体系，但仍存在一些问题，如种苗总体质量低、种苗市场混乱以及知识产权保护重视不足等。随着我国梨树栽培由分散走向规模化，苗木需求量不断增加，对苗木质量也提出了更高要求。因此，必须规范育苗技术，推进种苗产业化，发展大型专业化苗圃，提升苗木质量，促进梨树产业的健康发展。

梨树幼苗抗性较弱，育苗应选择适宜的地点，避免不良环境对幼苗造成损伤，影响出苗率和降低苗木质量。按照当地的特点，选择背风向阳缓坡地，土层较厚(50 ~ 60 cm)，保水及排水良好、灌溉条件方便、肥力中等的沙质壤土和轻黏壤土，土壤中性或微酸性的沙壤土为好，要求无危害苗木的病虫，且不能重茬。地下水位适宜，同时没有病虫害，空气、水质、土壤未污染,交通方便的地方。

苗圃地附近不要有能传染病菌的苗木,远离成龄果园,不能有病虫害的中间寄主,如成片的桧柏、刺槐等;尽量选择无病虫和鸟、兽害的地方,避免影响出苗率和降低苗木质量。可将苗圃地安排在靠近村庄或有早熟作物的地方,这些地方因有诱集植物,虫口密度小,受害轻。

一、苗圃地的准备

冬前或早春土壤解冻后耕翻,底下深度为 30 ~ 40 cm。施足基肥,每亩地施入优质有机肥 4 000 kg 左右,过磷酸钙 40 ~ 50 kg,或者磷酸二铵 20 kg。为预防立枯病、根腐病和蛴螬等,结合整地,每亩地喷洒五氯硝基苯粉和辛硫磷各 3 kg。耕翻后整平耙细,按播种要求做畦。畦宽 1.5 ~ 1.6 m、长 10 m 左右,畦埂宽 30 cm。

二、母本保存圃

用于保存优质母本源以及砧木原种,包括砧木母本圃和品种母本圃。砧木母本圃提供砧木种子和无性砧木繁殖材料。品种母本圃提供自根果苗繁殖材料和嫁接苗的接穗,为扩繁圃提供良种繁殖材料。为了保证种苗的纯度,防止检疫性病虫害的传播,母本保存圃内禁止进行苗木嫁接等繁殖活动,无病毒苗木的母本圃要与周边生产性果园保持 80 ~ 100 m 的间隔区。

三、母本扩繁圃

母本扩繁圃包括品种采穗圃、砧木采种圃和自根砧木压条圃。母本扩繁圃的主要任务是将母本保存圃提供的繁殖材料进行扩繁,向苗木繁殖圃提供大量可靠的砧木种子、自根砧木苗和插条、品种及中间砧接穗。禁止在压条圃直接嫁接进行苗木繁殖,或分段嫁接品种繁殖中间砧。也不应在品种采穗圃、砧木采种圃进行嫁接换种工作。母本扩繁圃一般设在行业主管部门指定的大型苗圃内。

四、苗木繁殖圃

用于直接繁殖生产用苗，其所用繁殖材料应来自母本扩繁圃。规划时要将苗圃地中最好的地段作为繁殖区，根据所培育的苗木种类分为实生苗培育区、自根苗培育区和嫁接苗培育区。为了耕作管理方便，最好结合地形采用长方形划区，长度不短于 100 m，宽度可为长度的 1/3 ~ 1/2。如果苗圃同时繁殖多种果树苗，宜将仁果类小区与核果类、浆果类小区分开，以便于耕作管理和病虫防治。

繁殖区要实行轮作倒茬。连作（重茬）会引起土壤中某些营养元素的缺乏、土壤结构破坏、病虫害严重以及有毒物质的积累等，导致苗木生长不良。因此，应避免在同一地块中连续种植同类或近缘的以及病虫害相同的苗木。制订果树育苗轮作计划时，在繁殖区的同一地段上，同一类果树轮作年限一般为 3 ~ 5 年，不同种类果树间轮作的间隔年限可短一些。

第二节　种子实生繁育

一、砧木种子的采集与处理

砧木种子的质量是育苗的关键。梨树育苗一般采用杜梨、豆梨和秋子梨做砧木。生命力强的种子，种皮红褐色，有光泽；种粒饱满，发育充实，放入水中下沉；种仁呈乳白色，种胚及子叶界限分明。

待果实内种子充分成熟后，采回果实。首先选择果实肥大、果形端正的堆放起来，厚度 25 ~ 30 cm，温度控制在 30 ℃以下，使其腐烂变软。然后将果肉揉碎，取出种子，用清水淘洗干净，放在室内或阴凉处充分晾干，切不可在太阳下暴晒。最后去秕、去劣、去杂，选出饱满的种子，根据种子大小、饱满程度或重量加以分级。放在温度为 0 ~ 8 ℃、空气相对湿度为 50% ~ 80%、良好通风条件下进行储藏，注意防止鼠害和霉烂变质。

二、砧木种子层积处理

梨砧木成熟种子具有自然休眠特性，需要在适宜条件下完成后熟，才能解除休眠，萌芽生长，解除休眠需要经过层积处理，即种子与沙粒相互层积，在低温、通气、湿润条件下，经过一段时间的贮藏。

（一）层积方法

将精选优质干燥的种子，用 30 ℃的温水浸泡 12 h 左右或用凉清水浸种 24 h，其间换水并搅拌 1 次，漂出秕种、果肉和杂质，捞出种子备用。同时，将小于砧木种子的沙粒用清水冲洗干净，沥去多余的水分，使河沙含水量达到 50% 左右，即手握沙成团，一触即散为适度。然后将种子与河沙按 1∶(5～6) 的比例混合均匀，并用 25% 多菌灵可湿性粉剂与种沙一起搅拌消毒。最后将种沙盛在干净的木箱、瓦盆或编织袋等易渗水的容器中，选择地势高燥、地下水位低的背风、背阴地方挖坑，把容器埋入坑中，使其上口距地面 20～25 cm，再用沙土将坑填满，并高出地面，四周挖排水沟，以防止雨水或雪水流入坑中，引起种子腐烂。为了利于通气，在坑的四角和中间插一根玉米秆。

（二）层积时间和温度

层积时间一般是根据播种时间而确定的。如计划在 3 月上中旬播种，要求层积 35～55 d，则层积时间向前推 50 d 左右，即在 1 月下旬进行处理即可。一般为播种前一个月左右进行层积，在 2～7 ℃的层积温度下，杜梨层积 35～50 d、秋子梨 30～45 d、豆梨 20～35 d 即可。

（三）层积管理

层积期间，要经常进行检查，看是否有雨水或雪水渗入和鼠害。每 10 d 左右上下搅动一次种子，可防止霉变，并可使发芽整齐。搅动时还要注意检查温湿度，使温度保持在 2～7 ℃范围内，温度过高时及时翻搅降温，过低时及时密封；湿度过大时添加干沙，不足时则喷水加湿。发现霉变种子及时挑出，以免影响其他种子。当 80% 以上种子尖端发白时即可播种。如果发芽过早或来不及播种，可把盛种子的容器取出，放在阴凉处降温，或均匀喷施 40～50 mg/kg 的萘乙酸抑制胚根生长，延缓萌动。临近播种时种子尚未萌动，可将其移置于温度较高处，在遮光条件下促进种子萌动,或喷 30～100 mg/kg 的赤霉素进行催芽。

(四)幼苗管理

地膜覆盖育苗,播种后 10～15 d 即可出齐,此时破膜放苗,扣小拱棚的经过 10 d 左右的通风锻炼后,可拆除拱棚。露地育苗,苗木出土前和幼苗期,如土壤干旱,可在傍晚喷水保湿,注意禁止大水漫灌,以防止土壤板结。小苗长出 3～5 片真叶时可间苗和移栽,株距 10 cm 左右,移栽时宜带土,栽后单株灌小水。

苗木长到 5～6 片真叶时第二次间苗,株距 20～30 cm。间苗后每亩[1]追施尿素 5 kg 或磷酸二铵 5 kg。追肥后灌水并中耕松土。注意防治苗期立枯病、白粉病、缺铁黄叶病和蚜虫等病虫害。结合病虫害的防治,于叶面喷施 0.3% 尿素溶液。为促进苗木加粗,在苗高 40～60 cm 时摘心。

三、砧木苗的培育

(一)选地与整地

苗圃地选择地势平坦、背风朝阳、日照良好、有利于灌溉的地方,并且远离果园,以免病虫害传播,地下水位应在 1～1.5 m 以下。土壤宜选择质地疏松、肥力较高、排水良好、中性或微酸性的壤土或沙壤土。苗圃地必须实行合理的轮作倒茬,切忌连作,且前茬不宜为果树、蔬菜类作物,最好选前茬为豆类和禾谷类茬的地块。

苗圃地冬季进行深耕翻土,亩施优质有机肥 2 500～5 000 kg、复合肥 40～50 kg;同时,除去影响种子发芽的杂草、残根和石块等杂物。在未解冻前进行大水漫灌,并按每亩 1 800 mL 40% 甲基异硫磷混入灌溉水中,用来防治蛴螬、蝼蛄、地老虎等害虫。

开春解冻后,播种前整平做畦,畦宽 1～1.5 m;在地下水位高或雨水多的地区用高畦,以利于排水;在干旱或水位低的地区则用低畦,以利于灌溉。

---

[1] 1 亩 = 1/15 hm^2 ≈ 666.67 m^2。

（二）播种方法

按播种季节不同，可分为层积春播法和免藏秋播法。

1. 层积春播

一般长江流域及华南地区在 2 月下旬至 3 月中旬，华北和西北地区在 3 月中旬至 4 月上旬，东北地区在 3 月下旬至 4 月中旬开始播种。播种前苗圃地充分灌水，播种时先在畦中开沟，沟距 40 ~ 50 cm，深度2 ~ 3 cm，将层积好的种子点播或条播于沟内，然后撒土覆盖种子。一般覆土 4 ~ 5 cm，待种苗将近出土前，减少覆土 1 ~ 2 cm，以利于出苗。种子播种深度为种子大小的 2 倍左右，根据不同土质和气候条件灵活掌握，黏质土壤应稍浅，沙质土壤应稍深；寒冷干旱地区应稍深，温暖湿润地区应稍浅。每亩播种量为：秋子梨 2 ~ 3 kg、杜梨 1 ~ 2.5 kg、豆梨 0.5 ~ 1.5 kg。

2. 免藏秋播

一般长江流域和华南地区在 11 月上旬至 12 月下旬，华北地区在 10 月中旬至 11 月中旬，将采收的种子不经过层积直接播种于苗圃地，在大田进行低温处理。播种方法同上，但播深为春播的 2 倍，为 4 ~ 6 cm；播种量也要适当加大，约等于春播的 1.5 倍。该种方法省工、出苗早，但播种后距种子萌发时间长，其间种子会受到各种危害，而影响出苗率，因此在冬季干旱、严寒、风沙大及鸟害、鼠害严重地区不宜秋播，如东北、内蒙古、甘肃、新疆北部等严寒地区。

（三）播后管理

出苗期间应注意保持土壤湿润，以利于种子萌芽出土，干旱时应进行细雾喷灌，并及时防治鸟害和鼠害。在干旱地区可用黑色地膜覆盖畦面，1 亩地用 1.2 m 宽的黑色地膜 10 kg，盖膜前整平畦面，盖时将地膜压在畦面上水平滚动覆盖，并用细土把四周地膜边缘压紧，以利保水，每隔 1 m 用少量细土压在畦面上，防风吹移地膜。幼苗出土后，按株行距位置在地膜上开口，将幼苗伸出膜外，开口处用土封严，防止风吹撕裂薄膜。4 ~ 5 片真叶时，第一次间苗，除去过密的小苗、弱苗和移栽补缺。7 ~ 8 片真叶时，按 10 ~ 12 cm 株距定苗，做到早间苗、晚定苗，及时补苗。苗高 0.3 m 时，留大叶 7 ~ 8 片进行摘心，并结合浇水亩追施尿素 7 ~ 10 kg,促使苗木增粗,以后每隔 10 d 再追施 2 次。注意防治蚜虫、卷叶蛾和金龟子。

第三节　梨树苗木嫁接与管理

一、接穗选择与处理

采集接穗时,应选择品种纯正、树势健壮、进入结果期、无枝干病虫害的母株,剪取树冠外围生长充实、芽子饱满的 1 年生枝。每 50 或 100 根捆成一捆,做好品种标记。从外地采集接穗时,要搞好包装,用湿锯末填充空隙,外包一层湿草袋,再用塑料薄膜包装,保持湿度;尽量减少运输时间,防止日光暴晒。到达目的地后,立即打开,竖立放在冷凉的山洞、深井或冷库内,用湿沙埋起来,湿沙以手握即成团,一触即散为宜。嫁接时将接穗从基部剪去 1 cm,竖放在深 3 ~ 4 cm 清水中浸泡一夜,备第二天使用。

二、嫁接

嫁接就是将接穗接到砧木苗上,使接穗和砧木苗成为嫁接共生体。砧木构成其地下部分,接穗构成其地上部分;接穗所需的水分和矿质营养由砧木供给,而砧木所需的同化产物由接穗供应。选择适合当地气候环境条件的砧木,对梨果产量和品质至关重要。因此,在培育苗木的过程中,一定要慎重选择梨树砧木。优良的品种必须嫁接在最合适的砧木上,才能发挥最大的生产潜力。

梨树嫁接育苗技术需要技术人员做好多方工作,科学选择时间进行嫁接工作,选择科学合理的方法嫁接,才能保证梨树嫁接后的成活率和生产质量。对于梨树嫁接过程中出现的问题,还应具体问题具体分析,及时采取正确有效的解决方法,从而保证梨树嫁接的可靠性和安全性。

梨树苗一年四季均可嫁接,通常 2 年生苗嫁接时期为 8 月 10 日至 9 月 5 日,要求砧木苗基部粗度 0.5 cm,嫁接部位距地面 10 cm 处。嫁接前 10 d 对砧木进行摘心，以促进加粗生长。如果土壤干燥，嫁接前 3 ~4 d适当浇水，可以提高嫁接成活率。嫁接方法采用芽接、劈接和切接法。

（1）芽接法。主要采用 T 形芽接。在 8 月砧木离皮时进行。嫁接时，在芽的上方横切一刀，切透皮层达木质部，再由芽下方连同木质部向上斜削深达穗粗的 1/3 ~ 1/2，超过横切口。随即在砧木离地面 10 cm 左右的平滑处横切一刀，切断皮层，再从横刀口中间向下纵切，撬开砧木切口皮层，从穗枝剥离芽片，手持芽片叶柄插入切口皮层内，使芽片上端皮层与砧木横切口皮层密接。最后用塑料条带由上而下缠缚严密，只露叶柄和芽。

（2）劈接法。将接穗削成楔形，有 2 个对称削面，外侧稍厚于内侧，要求平直光滑。将砧木在距地面 5 ~8 cm 光滑通直处剪断，用劈刀在砧木中心纵劈 1 刀，把砧木劈口撬开，将接穗轻轻地插入砧内，厚侧面在外，薄侧面在里。插时要特别注意使砧木形成层和接穗形成层对准。接后用塑料条绑缚裂口和削面。接穗较粗时，还要在接穗顶部涂封接蜡，以防失水。劈接应在春季树液流动后进行。

（3）切接法。在砧木 5 ~10 cm 处剪接，断面一侧稍微留有一部分的木质，然后用刀在切面位置垂直下切到比接穗斜面稍短 1 mm 位置处即可，1 芽 1 穗最好。接穗的长度是根据两芽之间的节间而确定的，在芽侧面削出 1 个长斜面，在斜面的背面再削 1 个短斜面，方便嫁接。嫁接时砧木与接穗形成层对齐，使二者吻合。

（4）切腹接和皮下腹接法。切腹接主要针对比较细的枝。在砧木要嫁接的部位上端剪断，削光滑，在断面外缘向下直切，一般 3 ~4 cm 长，切口比接穗稍短。接穗长 8 ~10 cm，上有 2 ~3 个芽为宜，将接穗下端顶芽同侧削一长 3 ~4 cm 的长削面，再在长削面的对侧削一长约 1 cm 的短削面，使成楔形，两个削面两端略削去皮层，然后接穗长斜面朝里慢慢插入，形成层对齐，用绑皮捆好。皮下腹接是在树干光秃部位刮掉老皮，同树干呈 45°削切口，将削好接穗插入，形成层对齐，再用绑皮捆好。

三、梨树高接换头

高接换头是梨树品种改良最快捷的方法。一般高接后,第 2 年开花结果,3 年恢复原树产量,只要高接的品种优异,经济效益巨大。在实际操作中应该注意可以结合冬季修剪,将母树进行重回缩修剪,原则上只保留原来的骨干枝,对辅养枝、内膛小枝及结果枝组全部疏除。

(一)高接操作

高接最好在春季进行。采用的方法以单芽切腹接为主,缺枝部位可以采用插皮腹接。单芽切腹接适宜时期为砧木萌动期,每个骨干枝嫁接数量控制在 6 ~ 8 眼,整株不宜超过 40 ~ 50 眼。插皮腹接由于需要在砧木树皮易剥离时进行,嫁接时期较单芽切腹接略晚,但最晚不宜超过花期,整个嫁接过程务必在梨树开花前结束。绑缚较传统有较大的改进,用厚度 0.006 mm、宽度不宜超过 12 cm 的地膜,在一个骨干枝嫁接结束后,自基部开始一直包扎至顶端,芽眼处只缠绕 1 道地膜,以便芽眼自行突破,其他处可以缠绕多道,以防止被风吹散;包扎至顶端后,要反复缠绕多道,并扎紧。

(二)接后管理

嫁接成活萌发后,要及时抹除砧木萌芽,集中养分以利于接穗品种加快生长。当新梢长至 40 ~ 50 cm 时,及时架设支架,一般用粗度 1 cm 左右的竹竿绑缚,防止被风吹折。解绑时间应晚于 6 月上旬,但不宜过晚,以防嫁接口处发生绞缢。

四、检查成活与解除捆绑

春季进行劈接或嵌芽接,约 1 个月愈合。嫁接后半月内,接穗或芽保持新鲜状态或萌发生长,说明已成活。如接穗或接芽干缩,说明未接活,应及时在原接口以下部位补接,或留一个萌蘖,夏季再进行芽接。夏、秋两季芽接后 7 ~ 10 d 愈合,此时接芽应保持新鲜状态或芽片上的叶柄用手一触即落,说明已成活。接芽干缩或芽片上的叶柄用手触摸不落,说明未接活。

劈接苗或嵌芽接苗,一般在接后一个半月解绑,夏、秋芽接苗在接后20 d解绑。解绑不宜过早，过早会影响成活。

五、断根

接芽成活后，落叶前用长方形铁锹在苗木行间一侧距苗木基部20 cm左右开沟，沟深10～15 cm，在沟中间用断根铲呈45°角向苗根斜蹬深20～25 cm，将主根切断。然后将沟填平踏实、灌水，促发侧根。

六、剪砧

当接芽成活以后，将接芽以上砧木部分剪除，称为剪砧。秋季嫁接苗应在第二年春季发芽前剪砧；春季嫁接的苗木多在确认接活后剪砧；快速繁殖矮化中间砧苗木，为缩短育苗年限，促使接芽早萌发、早生长，嫁接后应立即剪砧。

通常，剪砧时紧贴接芽的横刀口上部0.5～1 cm处，一次性剪除砧干，剪口要略向接芽背面倾斜，但不要低于芽尖，剪口要平滑，防止劈裂。但春季干旱、风大的地区，为了避免一次剪砧，出现向下干枯，影响接芽生长，可以进行二次剪砧，第一次剪砧时可留一短桩，当新梢长出10余片叶子时，再紧贴接芽剪除短桩。但必须指出，带有砧桩或剪砧后剪口未愈合的苗木，为不合格的苗木。

七、除萌

剪砧后，由于地上部较小，地下部相对强大，砧木部分容易发生萌蘖，消耗植株养分，影响接芽或接穗生长，必须及时除萌。除萌时宜用刀在萌蘖基部稍带皮削去，防止在原处再生萌蘖。如果接穗长出2个小枝条，应选留一直立、健壮的枝条，其余的剪去。

八、摘心

当嫁接苗长至1.2 m以上时，在1 m处剪截，并将剪口下第一至第二片叶摘除，促发新枝。

九、其他管理

出圃前为了促使苗木充实，从8月至9月上旬，用0.3%磷酸二氢钾进行叶面喷肥，共 2 ~ 3 次。如果 8 月末或 9 月初喷一次 500 mg/L 乙烯利和 20 mg/L 萘乙酸的混合液，可控制生长、促使木质化，以利于安全越冬。春、夏两季遇有干旱应及时灌溉；秋季应控水。苗圃地应及时进行中耕锄草，并注意做好苗木的病虫防治。

第四节　苗木的鉴定、检疫及出圃

一、品种鉴定

为保证良种的典型性，在良种繁育过程中，必须做好品种鉴定工作，可请有关专家参与。

(1)在采种、采接穗和繁育过程中应做好明确标志，繁育后要绘制苗木品种分区种植图。

(2)在苗木停止生长到落叶前，枝叶性状有充分表现时，以品种为单位划分检查区，超过 3 300 m^2(5 亩)的选 2 个检查区，超过 6 670 m^2(10 亩)的选 3 个检查区，每个检查区内苗数应不少于 500 ~1 000 株。在划定的检查区内，划出取样点，受检查的株数不应少于检查区内总数的 30%。从形态特征、生长习性特性和物候期等方面加以鉴定，确定品种的真实性和品种纯度，淘汰混杂变异类型。

(3)苗木出圃分级时，根据枝条的颜色、节间长度、皮孔特征、芽的特征等进行鉴定，去杂去劣。

二、植物检疫

苗木的植物检疫必须由生产单位报经当地植物检疫机构，按照国家植物检疫有关法规实施。一般在 5 月到苗木出圃前，调查 2 ~4 次，采用随机抽样法对苗圃进行多点查验，每点不少于 50 ~100 株。根据检疫对象的形态特征、生活习性、危害情况和控制病害的症状、特点进行田间鉴别。当田间发现可疑应检病虫害时，应带回实验室进一步鉴定。苗木符合国家或省级种苗质量标准，并按规定履行检疫手续，取得果树种苗质量合格证和果树种苗检疫合格证。

2006年3月,农业部发布实施新的《全国农业植物检疫性有害生物名单》和《应检疫的植物及植物产品名单》。在应检疫的植物及植物产品名单中规定梨的苗木、接穗、砧木为检疫植物产品。在全国农业植物检疫性有害生物名单中检疫对象43个,果树检疫对象病虫害有12种:昆虫(柑橘小实蝇、柑橘大实蝇、蜜柑大实蝇、苹果蠹蛾、葡萄根瘤蚜、苹果绵蚜、美国白蛾、红火蚁),细菌(柑橘黄龙病菌、柑橘溃疡病菌),真菌(果黑星病菌),病毒(李属坏死环斑病毒)。

三、起苗

梨苗多在秋季苗木新梢停止生长并已木质化、顶芽已经形成的落叶后起苗。起苗前应在田间做好标记,防止苗木混杂。土壤干燥时应充分灌水,以免起苗时伤根过多。

四、苗木的包装、运输和保存

经检疫合格的苗木即可按等级包装外运。包装时,按品种每捆50或100株,挂上标签,注明品种、数量、苗木等级。苗木不立即外运或栽植时,可挖浅沟,将其根部埋在地面以下;等待第二年外运或春植的苗木,要进行假植。假植地点应选择地势平坦、背风、不易积水处,假植沟一般为南北方向,沟深0.5 m,沟宽0.5~1 m,沟长依苗木的数量而定,苗木向南倾斜放入,根部用湿沙填充,将根和根颈以上30 cm的部分埋入土内踏实,严冬地区应埋土到定干高度。苗木外运时,必须采取保湿措施,途中要经常检查,发现干燥及时浇水。

五、梨树苗木质量标准

梨树苗木可分为实生砧木苗木、营养系矮化中间砧苗木和无病毒苗木3种。苗木是否符合质量标准,一看品种与砧木是否确实、可靠;二看纯度高低;三看质量好坏;四看苗木检疫,是否有检疫对象。梨苗木分级的具体指标可参考2002年制定的农业部行业标准《梨苗木》(NY 475—2002),见表4-1、表4-2。

表 4-1　梨实生砧苗的质量标准(NY 475—2002)

规格		一级	二级	三级
品种与砧木类型		纯度≥95%		
根	主根长度(cm)	≥25		
根	主根粗度(cm)	≥1.2	≥1	≥0.8
根	侧根长度(cm)	≥15		
根	侧根粗度(cm)	≥0.4	≥0.3	≥0.2
根	侧根数量	≥5	≥4	≥4
根	侧根分布	均匀、舒展而不卷曲		
基砧段长度(cm)		≤8.0		
苗木	高度(cm)	≥120	≥100	≥80
苗木	粗度(cm)	≥1.2	≥1	≥0.8
苗木	倾斜度	≤15°		
根皮与茎皮		无干缩皱皮,无新损伤处;旧损伤面积≤1 cm^2		
饱满芽数(个)		≥8	≥6	≥6
接口愈合程度		愈合良好		
砧桩处理与愈合程度		砧桩剪除,剪口环状愈合或完全愈合		

表 4-2　梨营养系矮化中间砧苗质量标准(NY 475—2002)

规格	一级	二级	三级
品种与砧木类型	纯度≥95%		
主根长度(cm)	≥25		
主根粗度(cm)	≥1.2	≥1	≥0.8
侧根长度(cm)	≥15		
侧根粗度(cm)	≥0.4	≥0.3	≥0.2
侧根数量(条)	≥5	≥4	≥4

续表 4-2

规格	一级	二级	三级
侧根分布	均匀、舒展而不卷曲		
基砧段长度(cm)	≤8		
中间砧段长度(cm)	20 ~ 30		
苗木高度(cm)	≥120	≥100	≥80
倾斜度	≤15		
根皮与茎皮	无干缩皱皮,无新损伤处,旧损伤面积≤1 cm^2		
饱满芽数(个)	≥8	≥6	≥6
接口愈合程度	愈合良好		
砧桩处理与愈合程度	砧桩剪除,剪口环状愈合或完全愈合		

注:等级判定规则:①各级苗木允许的不合格苗木只能为邻级,不能隔级。②一级苗的不合格率应小于5%,二级、三级苗的不合格率应小于10%;不符合上述要求的均降为邻级,不够三级的均视为等外苗。

第五章　梨树建园

梨园建立的好坏,直接影响到梨树的成活、生长和发育,与是否能早果、优质及高产、稳产有密切的关系。梨树是多年生植物,建园时园地选择是否得当,品种密度是否合适,对于早果、丰产、优质、高效极其重要。进行科学的果园设计与栽植,做到生产标准化、管理集约化、产品优质化、经营产业化、销售品牌化、效益最大化。

第一节　园地选择

梨树适应性广,平地、山地、坡地均可栽植,但以土层深厚、质地疏松、透气性好的地块建园为佳。一般而言,平原地要求土地平整,土层深厚、肥沃;山地要求土层深度 50 cm 以上,坡度在 5°~10°;盐碱地建园要求土壤含盐量不高于 0.3%,若含盐量高,需经过洗排盐碱或排涝进行改良后再栽植;沙滩地地下水位须在 1 m 以下。果园附近应有充足的深井水或河流、水库等清洁水源,能够及时灌溉,以满足梨树不同生长时期对土壤水分的需要。选择园地还应做到旱能浇、涝能排,尤其是要注意夏季要能排涝。园地选择时,还应综合考虑当地的气候条件、土壤条件、灌溉条件、地势和地形等情况,并且远离有污染的工矿区。坚持适地适栽原则,根据梨树对环境条件的要求,精心选择地块。

第二节　果园的规划与设计

果园的规划设计主要包括小区设计、道路系统、排灌系统、附属建筑物等。根据果园任务及当地具体情况,本着合理利用土地、便于管理的原则,果园在定植前先划为大区,每个大区再划分为若干个小区。小区作为果园的基本生产单位,是为管理上的方便而设置的。如果园面积较小,也可不用设置作业区。作业区的面积、形状、方位都应与当地的地形、土壤条件及气候特点相适应,并要与果园的道路系统、排管系统以及水土保持工程的规划设计相互配合。规模化园地,果树占90%,道路、排灌占3%~5%,防风林占3%~5%,办公、仓库等占1.5%。根据地形、交通和机械操作要求设计种植小区,小区面积30~60亩,小区两头留出4 m边距,便于机械转向。

果园道路由干路、支路及作业道组成。干路要求位置居中,贯穿全园并与公路相接,宜少宜通,一般宽4~6 m;支路与干路相接,宜设在小区,宽3~4 m,可通农用汽车等;作业道设在小区内或小区间与支路相连,宽1~2 m,可通手推车、三轮摩托车,供园内操作和往来活动。根据果园实际,建设配套的排灌系统,灌水设备是优质丰产果园的必备条件。同时留好办公、生产等辅助建筑用地。有风害的地方要在主风向栽植防护林。

第三节　品种选择与授粉树的配置

一、品种选择

梨树品种选择的正确与否,会影响以后若干年的果园效益,也是新建果园能否成功的关键。由于梨树品种繁多,各品种对环境要求不同,生产能力有高低之分,管理难易也不一样,品质优劣相差悬殊,因而生产中对品种的选择至关重要。生产上应根据土地和气候条件,选择适合本地的优良品种。

根据大量生产实践,在梨树生产中选择栽培品种时应注意以下事项,以利于生产效益的提高。梨品种不同,其生产能力是不一样的,综合全国各地的经验,在梨主栽品种中,丰产性好的品种有'砀山酥梨'、'鸭梨'、'早酥梨'、'幸水'、'黄花梨'、'南果梨'、'锦丰梨'、'巴梨'、'安梨'、'翠伏梨'等,较丰产的有'雪花梨'、'京白梨'、'辽宁大香水梨'、'栖霞大香水梨'等,产量中等的有'秋白梨'、'库尔勒香梨'、'伏茄梨'等。在同等条件下应优先选择丰产性强的品种种植,以提高产量，促进生产效益的提高。

根据土壤、气候、市场和消费者喜好等，选择适宜的梨早、中、晚熟优良品种作为主栽品种。总体上我国早熟品种严重短缺，中熟品种不足。从成熟期来看，表现好的早熟品种有'翠冠'、'若光'、'中梨1号'等，中熟品种有'黄冠'、'丰水'、'园黄'、'秋月'、'黄金梨'等，晚熟品种有'红香酥'、'天皇'、'晚秀'、'新高'、'西洋梨'（西部山区）等。绿黄色品种所占比重较大，有色梨所占比重较小；鲜食品种过剩，加工品种不足；脆肉型品种所占比例大，软肉型品种量少。量少不足就有商机，可适当发展特色生产，以利于生产效益的提高。

二、授粉树配置

授粉品种要求结果习性好，果实商品性高，比主栽品种花期略早或相近，花粉多，与主栽品种花粉亲和性好，萌发率高。授粉品种配置比例达到15%以上，授粉树与主栽品种隔行或梅花式定植。注意，'新高'、'爱宕'、'黄金'、'新梨7号'等没有花粉或花粉极少的品种不能作为授粉品种。梨树主栽品种及其适宜的授粉树品种见表5-1。

表5-1　梨树主栽品种及其适宜的授粉树品种

主栽品种	授粉树品种
鸭梨	京白梨、砀山酥梨、黄冠、金花梨
雪花梨	黄冠、早酥、冀蜜
砀山酥梨	鸭梨、茌梨、中梨1号、黄冠
库尔勒香梨	鸭梨、雪花梨、砀山酥梨、黄冠
红香酥	砀山酥梨、雪花梨、鸭梨
圆黄	鲜黄、早生黄金、长十郎、华山
西子绿	中梨1号、早酥、杭青、黄冠
黄冠	鸭梨、冀蜜、中梨1号、雪花梨
翠冠	清香、黄花、新雅
丰水	黄花、新兴、长十郎、新水

第四节　栽植与栽后管理

一、选择壮苗

梨园要求苗木整齐健壮，根系发达，品种纯正。优质苗木标准是苗高1.4 m以上，离接口10 cm处粗1 cm以上，芽眼充实饱满，有4个以上粗0.5 cm侧根。不能选用不充实的细弱苗、直根苗、伤口苗和杂品种苗。对外地购入的苗木，失水较多，要求栽前剪掉烂根、伤根，栽植前对苗木的砧木、品种进行核查、登记和标识后，放入清水浸泡24～48 h，并对根系进行消毒处理。

二、栽植密度和方式

综合考虑梨树栽植密度，肥水条件好的平原地区，乔化密植园，栽成枝力弱的品种，株行距(2～3)m×(3.5～4)m，亩栽55～95株。成枝力强的品种，株行距3 m×(4～5)m，亩栽44～55株。矮化砧苗每亩可栽111～222株，株行距(1～1.5)m×(3～4)m。梨属矮化砧每亩可栽83～111株，株行距(1～2)m×(3.5～4)m。

栽植方式要考虑光能利用率，以便于机械作业和管理为前提。应根据果园的地形、道路、小渠走向而定，一般多采用南北行向。栽植方式有正方形、长方形、三角形、带状栽植等。生产实践证明，采用长方形栽植最好，即宽行密株，行距与株距相差2 m左右，这种栽植形式，行距大于株距，通风透光良好，受光面大，果实质量好，便于管理，适于机械作业。

三、栽植时期

秋栽和春栽均可，提倡秋栽。秋季栽植的苗木缓苗时间短，生长旺盛，成活率高，但冬季要采取幼树根颈培土和树干涂白、套袋等防冻保护措施。春栽在土壤解冻后至萌芽前进行。具体栽植时期根据土壤、气候条件而定。

四、栽植方法

栽植前要结合平整土地,按行距的宽窄进行挖沟,沟深宽度一般为0.8~1 m。挖时将表土放一边,心土放另一边。挖沟以夏秋为好,冬季次之。挖沟的时间越早,土壤熟化的时间就越长,效果就越好。栽植深度与苗木圃内深度一致或略深3 cm左右,将树苗放置在定植坑中心,树干扶正与地面垂直,然后理顺苗木根系,分层埋细土,培土至根颈部位。手扶树身,用脚踩实,及时灌水,待水下渗后继续回填盖土至基砧露出地面3~5 cm。

五、栽后管理

栽后及时定干,全园定干高度尽量一致,一般为1~1.2 m,高度不够的可在上部饱满芽处定干,剪口涂抹封剪油或漆等加以保护。树苗栽植后立即浇水,之后每隔7~10 d灌水1次,连灌2次,以后视天气情况浇水促长。栽后起垄平地建园,栽植宜浅,栽后沿行向起垄,垄宽100~120 cm、高20~30 cm。覆膜保墒,可采用通行覆膜或树盘覆膜(地布),覆膜时尽量把膜展开压实。

第六章　梨树树体管理技术

第一节　梨树整形修剪技术

一、主要树形

近年来，随着农业的快速发展，为适应早丰产、高品质、机械化的栽培管理模式，梨树的树形也在发生着变化和调整。生产中常见的树形如下。

（一）主干形

栽培密度为 2 m×（3～4）m。树高 3～3.5 m，干高 60～70 cm，中央领导干中下部着生 4～5 个较大的主枝。主枝间距 20 cm 左右，主枝基角 60°，腰角 30°～50°，梢角 80°左右；主枝单轴延伸，其上着生中小结果枝或枝组；中央领导干上半部中心干着生中小结果枝或枝组。由于树冠内中下部主枝无侧枝，上部无大枝（主枝），树冠内通风透光良好，易操作管理。

（二）“Y”形

栽培密度（1～2）m～（4～5）m。树高 2.5 m 左右，干高 40～50 cm，在主干上着生两大主枝，主枝间距 20 cm 左右，主枝基角 40°～50°，腰角 55°～60°，梢角 75°～85°；每个主枝上着生中小结果枝或枝组。该树形易成形，结果早，易于管理和控制果实品质，也可用于设施栽培。

（三）圆柱形树形

圆柱形树形是国外梨树密植常用树形，也是我国梨密植栽培中推广的主要树形之一。栽培密度 1～2 m×（4～5）m，树高 3～3.5 m。中心干上面均匀分布 15～22 个结果枝组，中干上结果枝组为单轴枝组，间距 15 ~ 20 cm 结果枝组与中干呈 60° ~ 70°角。结果枝组不断轮替更新，防止其衰弱和加粗、变大、失衡。圆柱形具有树冠小，通风透光好，有利于花果管理等各项作业和果实品质的提高，早果丰产，树体结构简单，修剪技术容易掌握，便于机械作业等优点。

（四）疏散分层形

疏散分层形有明显的主干，主枝分层着生在中心干上，主干高 50 ~ 60 cm，第一层主枝 3 ~ 4 个，第二层主枝 2 ~ 3 个，第三层主枝 1 ~ 2 个，高度长到 2 ~ 2.5 m 落头封顶。第一层主枝层间距为 40 cm，主枝水平夹角为 120°，开张角度 60 ~ 70°，每主枝上着生 2 ~ 3 个侧枝；第二层主枝距第一层主枝 100 ~ 120 cm，开张角度 50 ~ 60°，与第一层主枝插空着生，每主枝选留 1 ~ 2 个侧枝。各层主枝上的侧枝要顺方向排列。栽培密度为(2 ~ 2.5) m × (3 ~ 4) m，树冠较紧凑，通风透光好，是一种良好的丰产树形。

二、修剪手法

在生产过程中，因梨树的品种、树龄、长势情况与时期等在修剪手法运用上有所差别。现在介绍一下在生产过程中常用的手法。

（一）短截

短截指对一年生枝条进行剪短，留下一部分枝条进行生长。其主要作用是促使其抽生新梢，增加分枝数目，以保证树势健壮和正常结果。短截常用于骨干枝修剪、培养结果枝组和树体局部更新复壮等。

短截按其保留长度又可分为：

(1) 轻短截：剪去一年生枝条的 1/3。剪后萌发的枝条长势弱，容易形成结果枝。

(2) 中短截：在一年生枝条的中部短截。剪后萌发的顶端枝条长势强，下部枝条长势弱。

(3) 重短截：截去一年生枝条的 2/3。剪后萌发枝条较强壮，一般用于主、侧枝延长枝头和长果枝修剪。

(4) 重剪：截去一年生枝条的 3/4 ~ 4/5。剪后萌发枝条生长势强壮，常用于发育枝作延长枝头和徒长性果枝、长果枝、中果枝的修剪。

(5)极重短截:截去一年生枝条的4/5以上。剪后萌发枝条中庸偏壮,常用于将发育枝和徒长枝培养结果枝组。

(二)回缩

回缩也称缩剪,是指剪掉2年生枝条或多年生枝条的一部分。回缩的作用因回缩的部位不同而不同。

对弱枝回缩到壮枝、壮芽处,以增强树势。对伸向行间的枝要适当回缩,使行间保持0.5 m左右的过道。对盛果前期和进入盛果期的树,对结果枝组进行精细修剪,同一枝组内应保留预备枝,轮换更新,交替结果,控制结果部位外移。

(三)长放

长放也叫甩放,即不进行修剪,保留枝条顶芽,让顶芽发枝。进行适当的长放,有利于缓和树势,促进花芽分化形成。

长放常与回缩相结合,培养结果枝组。利用轻剪长放和短剪回缩调节、控制枝组内和枝组间的更新复壮与生长结果,使其既能保持旺盛的结果能力,又具有适当的营养生长量。

(四)疏枝

疏枝是指将枝条从基部剪去。一般用于疏除病虫枝、干枯枝、无用的徒长枝、过密的交叉枝和重叠枝,以及外围搭接的发育枝和过密的辅养枝等。疏枝的作用是改善树冠通风透光条件,提高叶片光合效能,增加养分积累。疏枝对全树有削弱生长势力的作用。

(五)拉枝

1.拉枝的时期

拉枝的最佳时期为:1年生至2年生枝,宜在8月中旬至9月中旬进行。3年生以上枝,宜在春季开花后至5月中旬拉枝。

2.拉枝方法

开角采取“一推,二揉,三压,四定位”,具体是:“一推”,手握枝条向上及向下反复推动;“二揉”,将枝条反复揉软;“三压”,在揉软的同时,将枝条下压至所要求角度;“四定位”,将拉枝绳或铁丝系于枝条,使其恰好直顺,不呈“弓”形为宜。1年生至2年生枝也可选用“E”形开角器开角。对较粗的、推揉拉有困难的大枝,在背后基部位置连续二锯或三锯,深度不超过枝组的1/3,锯口间距大约在3 cm以内,然后下压固定。

3.注意事项

(1)果树拉枝,应从幼树整形开始,一年生枝在长至要求长度时,再拉至所要求角度。

(2)拉好的枝须平顺直展,不能呈“弓”形。

(3)拉枝时,在调整好上下夹角的同时,应注意水平方位角的调整,让小主枝和结果枝组均匀分布于树体空间,不能交叉重叠。

(4)拉枝不可能一次到位,随着枝龄增长,要不断更新拉枝部位,保证枝条拉到要求角度。

(六)刻伤

用刀在枝芽的上(或下)方横切(或纵切)而深及木质部的方法,常结合其他修剪方法施用。果树刻芽,能够定向定位培养骨干枝,建造良好的树体结构;集中营养形成高质量的中枝、短枝,进一步培养结果枝组,使树早结果。刻芽还能增补缺枝,纠正偏冠,抑强扶弱,调节枝条生长,平衡树势,使树稳产。

1.刻芽时须认真操作

慎重确定要刻的芽数目,根据品种特性、树势强弱、枝条的长势、枝条着生位置,以及刻芽的目的,决定刻芽数目。刻芽数目,一般来说,普通品种多于短枝品种,萌芽率低的多于萌芽率高的。

树势强的树可多刻芽,树势中庸的少刻芽,细弱的长枝则不要刻芽。粗壮长枝的芽可以多刻,细弱的长枝上则不要刻芽。骨干枝上少刻芽,辅养枝上刻芽可以多些,但也不宜芽芽都刻,以免造成树形紊乱。

定向定位刻芽,要紧贴着芽尖刻,距离芽尖1~2 cm下刀,但不要伤及芽体,下刀用力要均匀,稍微刻入木质部。一般促发中枝、短枝的刻芽,刀口要离芽体远一些,刀口距芽体5 mm,刻得轻一些,只划破皮层,勿伤木质部,但也不能只划伤表皮而划不透皮层。

2.刻芽的作用要明确

刻芽就是在果树枝干的芽上0.3~0.5 cm处,用小刀或小钢锯切断皮层筛选或少许木质部导管。在大树缺枝部位刻芽可定向发枝。幼树树冠偏斜,刻芽可平衡树体结构。甩放枝刻芽可抽出中短枝。水平枝和角度开张的枝干萌芽前,对枝条两侧和背下刻芽,萌发的枝条争夺水分和养分,可以抑制背上芽萌发,减少背上冒条。

3. 刻芽要有针对性

为了抽长枝,刻芽要早(3 月上旬)、要深(至木质部内)、要宽(宽度大于芽的宽度)、要近(距芽 0.2 cm 左右)。

为了抽短枝,刻芽要晚(3 月中旬)、要浅(刻至木质部,但不伤及木质部)、要窄(宽度小于芽的宽度)、要远(距芽 0.5 cm 左右)。

在生长季节还会用到其他像摘心、扭梢、环剥等,果树的修剪方法是多种多样的,在实际应用时,要综合考虑,多种方法互相配合。

三、修剪方法的具体运用

(一)幼年树的修剪整形

幼年树(包括幼年树和初果期树)的修剪原则为:以整形为主,以产量为辅;以刻、拉为主,以轻剪为辅。使其多发枝,形成枝组,提早成形和结果。

对于幼年树,在生长期运用刻芽定向发枝,通过长放等枝条长到所需长度摘心促发侧枝,形成枝组。通过拉枝、扭梢、拿枝改变枝条的走向、角度,缓和树势,促进花芽的形成,使其早成型,为盛果期丰产稳产打下良好基础。

(二)盛果期树的整形修剪

盛果期树修剪原则为:通过修剪调整营养生长和生殖生长的主从关系,保持树势,防止大小年现象的发生。保持适宜的叶果比,以此确保果实的高品质。

骨干枝的修剪一般单轴延伸,通过甩放、短截、拉枝等手段调节其角度、长度等。

结果枝组的修剪一般修剪过后错落有序,层次分明。通过短截、回缩、疏枝等手法调节其枝组数、新老程度达到通风透光,保持较强的结果能力。

徒长枝的修剪一般对于骨干枝上的徒长枝,有空间的通过摘心、扭梢、拉枝等加以利用,无空间的从基部疏除,防止郁闭,影响通风透光。

四、修剪过程中常见问题及解决方法

(一)拉枝过晚,角度过小

近年来新发展的梨树,在密度加大的情况下,一些果农仍采用稀植大冠的修剪技术,短截过多过重,而不注意幼树的拉枝开角,甚至待主枝4～5年生后才进行开角。结果由于枝条太硬太粗而无法拉开,角度仅40°～50°。众所周知,梨树顶端优势强,幼树大多抱头生长(尤以雪花梨突出),若拉枝过晚,必然导致主枝后部光秃而顶端旺长,造成早期产量过低,所以幼树应以开张角度为主。即对主枝在2～3年生时就适度开角,主枝基角以70°左右为宜。开角可结合冬剪进行,但以秋季拉枝较好,可减少秋梢生长量,促进花芽分化,对辅养枝可拉成80°～90°。若拉枝过晚,由于主枝已过大过粗,可采用连三锯法,使其角度开张。

(二)树形不当,主枝过多

植梨园由于密度加大,如管理不善,会使树冠郁闭,光照条件恶化,影响花芽分化和果实品质,以及内膛结果枝组的发育和生长。在调查中发现,目前密植梨园表现为树体过高,树高多超过5 m,有的甚至更高;树形紊乱,主枝过多,且上下主枝无明显区别和层次,其结果是通风透光不良,多数主枝后部光秃,结果少,质量差。要解决这一问题,一是控制树高,树高控制在3 m左右;二是主枝数量需加以控制,以6～7个为宜;三是选择适宜的树形,以小冠疏层形为宜,即第1层主枝3～4个,第2层主枝2～3个,层间距1～1.2 m,第2层主枝为第1层主枝长的1/3～1/2,第1层主枝长要小于行距的1/2。对不符合上述要求的梨园,要通过2～3年逐步加以改造,切不可一次修剪量过大。

(三)树势不均,上强下弱,外强内弱

造成这种现象的原因,一是幼树间作不合理,如间作高秆作物,不留树盘,造成下部主枝生长空间过小而生长受到控制;二是修剪不当,上部留枝过多,生长过旺,而基部枝又开角过大,控制过多;三是梨树干性较强,顶端优势比较明显,如果不注意调控,极易出现上强下弱和外

强内弱现象。解决措施:①缩小基部主枝层内距,利用“卡脖”效应控制上部势力;②适当疏除部分上部枝,并加大层主枝角度,以缓和上部势力;③合理间作,幼树间作以不影响下部主枝生长为度;④对全部弱枝适当短截,促其生长,增强下部势力;⑤如上部枝条生长势过强,可采用环剥(割)技术,缓势促花;⑥减少各主枝枝头留枝数量,注意从属关系。总之,要形成一个一大一小、三稀三密的树体结构,即上层主枝小,下层主枝大;大枝稀,小枝密;外围枝条稀,内膛枝条密;上部枝条稀,下部枝条密。这样就可以保持均衡的树势,从而达到丰产、优质的目的。

(四)拉枝不当,交叉枝过多

一些果园存在乱拉枝的情况,为实现早结果、多结果,对所有的大枝全部留下进行拉枝,导致辅养枝过多,枝条交叉重叠,由于生长空间被辅养枝占领,主枝上不能形成有效的大中型结果枝组,影响了整体效益。对此类果园,应根据情况加以处理,对影响主枝生长的辅养枝,本着影响多少去多少的原则加以处理,无空间的过密枝要坚决予以疏除,以解决光照问题,在层间绝不能出现和主枝一样的大型辅养枝。

(五)忽视夏剪

重冬剪,轻夏剪的结果是易导致旺长,推迟幼树的结果年龄。梨树夏剪的措施主要包括:①拉枝。主要对象是角度较小的骨干枝(主枝)、旺长枝、辅养枝等。②抹芽。梨树萌芽后及时除去过密的背上萌芽和锯剪口上的萌芽。③环剥(割)。对生长过旺的辅养枝、直立枝、徒长枝,于5月中下旬进行环剥或环割,可促其缓势结果。④扭梢或摘心。对生长空间较小的背上枝,可于5月中下旬至6月上旬进行扭梢或摘心,使其转化为小型结果枝组。⑤疏梢或截梢。对竞争枝等无用梢及时疏去,对有生长空间的直立枝、旺长枝,可于6月留6~7片叶剪梢,并摘除剪口下2片叶,以促发二次枝,培养结果枝组。

(六)留撅多,冒条旺

由于梨树成枝力较弱(以鸭梨为例),常造成枝条中下部光秃,故为增加中下部枝量,常在冬剪时对直立旺枝进行极重短截(留撅),结果造成冒条现象,越截越旺,达不到预期目的。因此,在梨树修剪中,不宜留撅,尤其冬剪更不行,如欲将其培养成枝组有空间时,可于6月进行剪梢处理。

(七)修剪量过重,导致成花量低

在梨树幼树修剪中常常遇到修剪过重的问题,由于对品种的特性了解不够,对枝条短截过多,遇到枝条就破头,造成开头过多,营养生长过量,生殖生长的量达不到要求,不仅产量上不去,而且会造成梨的花萼不脱落('黄金'、'水晶'等品种)。解决办法是掌握修剪的量度,短截的数量一般不超过枝条总量的1/3或1/4。

另一个问题是由于树体发育不符合理想树形的要求,在冬季修剪时一次疏枝过重,造成伤口过大、过多,减弱了树势。解决办法是:对要疏除的大枝先锯断一半,将其压平结果,1~2年后再将其一次性锯掉。

对内膛大的辅养枝要重回缩,对大的背上枝要疏、压或重短截,减弱强枝的生长势。对弱枝要以短截、回缩为主,尽量少疏枝,以恢复枝条的生长势。

第二节　梨树花果管理技术

梨树花果管理是全年管理的关键时期,树体在此时期开花、展叶、长梢、坐果需要消耗大量的水分、养分,这一时期的营养水平,综合管理技术是否得当,直接影响坐果率的高低、果品质量优劣和全年的经济效益。因此,花果期除为树体准备充分的营养、水分外,还必须做好授粉、疏果、套袋、病虫害防治等项工作。梨树的绝大多数品种自花不实,如果授粉树配置不当,传粉昆虫少,或者花期遇到不良气候条件,均会导致授粉不良。疏花疏果,则是人为地去掉过多的花或果实,使树体保持合理的负载量。根据梨树花量情况特提出以下管理要点。

一、抓好肥水管理

在实际生产中,有相当一部分果农不够重视秋施基肥,常少施,有的甚至不施。这样易造成树体贮藏的养分不足,而春季梨树萌芽、开花以及新梢生长又需要消耗大量的养分。因此,必须强调在春季梨树萌芽前不失时机地追施花前肥,来弥补树体贮藏养分的不足,满足春季梨树对养分的需求,从而提高花芽质量和坐果率,为当年丰产稳产打下良好的基础。此期追肥以速效性氮肥为主,盛果期每株施0.3～2.0 kg,可施尿素15 kg/亩,追肥时期为3月上旬。另外,在落花后至幼果开始膨大期,新梢开始加速生长,需肥量多,两者互相争夺养分可再次追肥,以满足幼果膨大和新梢生长的需要,增大叶面积,提高光合效能。主要追施磷钾肥,适当配施尿素。还可用0.2%～0.3%的磷酸二氢钾或0.3%～0.5%的尿素进行叶面追肥。喷雾要均匀,喷在叶背面最好,有利于吸收。以后若高温应在阴天进行,晴天应在上午10时前或下午4时后进行。春季土壤追肥时,应结合灌水同时进行。

二、花期防冻

(一)延迟发芽防冻

1.春季灌水

春季多次灌水能降低地温,延迟发芽。萌芽后至开花前灌水2～3次,一般可延迟开花3～5 d。

2.利用腋花芽结果

腋花芽由于分化较晚,而顶花芽萌发开花都早,因此应尽量利用腋花芽结果。

3.涂干

主干主枝用石灰水涂白,可以减少对太阳热的吸收,延迟发芽和开花。

(二)改善小气候防冻

1.熏烟法

在最低温度不低于-2 ℃的情况下,可在果园内熏烟。熏烟能减少土壤热量的辐射散发,同时烟粒吸收湿气,使水汽凝成液体而放出热量,提高气温。常用的熏烟方法是用易燃的干草、刨花、秋秸等与潮湿落叶、草根、锯屑等分层交互堆起,外面覆一层土,中间插上木棒,以利于点火和出烟。发烟堆应分布在果园四周和内部,风的上方烟堆应密些,以便迅速使烟布满全园。烟堆大小一般不高于1 m。当地气象预报有霜冻危险的夜晚,在温度降至5 ℃时即可点火发烟。

2. 人工降雨、喷水

利用人工降雨或喷雾设备向树体喷水，水遇冷凝结时可放出热，并可增加湿度，减轻冻害。

三、合理配置授粉树

梨树是异花授粉植物，每个梨园都应该配置合适的授粉树。授粉品种应选择和主栽品种相互授粉并能结实；首先授粉品种应具备花粉多、花粉萌发率高的优势；同时授粉品种花期应和主栽品种一致或稍早；满足以上条件后优先选择结果习性好、经济效益高的授粉品种。如：'翠冠'可配'黄花'，'清香'、'中梨 1 号'可配'早美酥'，'新世纪'、'黄金梨'可配'丰水'、'黄冠'等。没有花粉或花粉少的品种不能作为授粉品种，如新高、黄金梨等。

四、人工辅助授粉

（一）花粉制备

梨树人工辅助授粉中采用的花粉最好取自适宜的授粉品种，也可多个品种混合。选择花多的树多采，花少的树少采；弱树多采，旺树少采；树冠外围多采，中部和内膛少采；花多的枝多采，花少的枝少采。梨树先开边花，采花时应采心花留边花。

采花应在开花前 1 ~ 2 d 至初花期，分次将已经充分膨大的花蕾和初开的花朵摘下，采花过早、过晚都会影响授粉效果。采花后运回室内，摘去花瓣，两手各持一花，将两花互相摩擦，使花药脱落。然后捡去花丝、花瓣等杂质，将花药送到干燥室，进行干燥散粉。干燥室可用一般的住房代替，室内搭设木架或木床，床面上铺纸。干燥室要求干燥、通风，室温、空气湿度分别保持在 20 ~ 25 ℃、50% ~ 70%。把花药均匀薄摊在纸上，22 ~ 24 h 花药开裂，散出黄色花粉。花粉干燥后，装入广口瓶内，置于低温、干燥、黑暗的地方存放。

一般 1 kg 鲜花（4 000 ~ 5 000 朵）可采纯净干花粉 10 g。为了节省花粉，可加入 1 ~ 4 倍滑石粉或淀粉，过 3 ~ 4 次细筛，然后分装于小瓶内备用。

（二）人工点授

人工点授效果最好，但耗时费工。点授工具可选用毛笔、软鸡毛、带橡皮的铅笔、纱布团和纸棒等。其中，纸棒最为经济简便，制作时，先将报纸裁成小条（宽 15 ~ 20 cm），再紧紧地卷成铅笔粗细的小纸棒，然后将纸棒一端削尖，磨出细毛。点授时，用纸棒尖端蘸取少量花粉，轻点梨花柱头，每蘸一次可点授 5 ~ 7 朵花。纱布团应用也较多，用小块棉花捻在竹签的一端，外包一层纱布。

选择适宜的点授期，可以提高坐果率。就一朵花而言，开花后 3 d 内授粉，坐果率可高达 80% 以上；第 4 ~ 5 天授粉，坐果率约为 50%；此后就失去了授粉意义。但全树开花时间并不一致，因此一般在初花期突击采花粉，盛花初期（开花 25%）大面积点授，尽量 3 ~ 4 d 内完成，对于晚开的花朵可以补授。一般当开花枝占整株树的 30% ~ 40% 时，每花序点授 1 ~ 2 个基部花朵，即可满足丰产需要。花量少的树，每个花序可点授 2 ~ 3 朵；花量大的树（50% ~ 60%），每隔 15 ~ 20 cm 点授一个花序，每个花序点授 1 ~ 2 朵花即可。

（三）机械喷粉

为了提高授粉效率，可采用机械喷粉。具体方法是：盛花期，在花粉中加入 50 倍的滑石粉等填充剂，用喷粉机在 4 h 内快速均匀地进行喷授。也可将花粉配制成花粉液，用超低容量喷雾器在 2 h 内喷完。花粉液的配制方法是：先把 0.5 kg 砂糖溶解在 10 L 水中，搅拌均匀，同时加入 30 g 尿素，然后加入 20 g 干花粉调匀，用 2 ~ 3 层纱布过滤；喷前加入 10 g 硼酸和 10 mL 表面活性剂，迅速搅拌后立即喷洒。花粉液用量为 0.2 ~ 0.4 kg/株。

（四）梨园放蜂

放蜂时间为梨树开花前 2 ~ 3 d。蜜蜂活动的范围为方圆 40 ~ 80 m 的区域，一般有蜜蜂 1 500 ~ 2 000 头的蜂箱，可满足 0.5 hm^2 的梨园授粉。此法适用于授粉树配置合理而昆虫少的梨园，或设施栽培梨园。

（五）高接授粉树或插花枝

高接授粉主要用于授粉品种配置不合理和缺少授粉树的梨园。高接时，可按授粉树的比例，每株树上选几枝，或在全园均匀选几株或几行树，进行高接。前者效果较好，后者便于管理。

插花枝作为临时性授粉措施，可在开花初期剪取授粉品种的花枝，先绑在长约 3 m 的竹竿顶端，高举花枝，伸到树膛内或树冠上，轻敲竹竿，将花粉振落飞散进行授粉。然后插在水罐或广口瓶中，挂在需要授粉的树上。该法由于每年要剪取花枝并经常调换挂罐位置，影响授粉树的生长，因此不适宜大面积采用。

五、除花萼和肋沟

在日韩梨品种中，有宿萼（如‘园黄’、‘秋黄’等）品种，也有脱萼（如‘丰水’、‘黄金’等）品种，还有一种是既有宿萼又有脱萼（如‘新水’等）的品种。脱萼与宿萼果实让其自然生长发育，形成果形会不一致。因此，在谢花 1 周后疏去不脱萼的宿萼果。如宿萼果个头大、位置好，需要保留时可用单面剃须刀片把花萼除去。注意伤口要平齐，不伤及幼果的果顶。如果在开花期开展人工授粉的植株，在授粉 3 d 后用 15% PP333 7 000 ~ 10 000 倍液喷花，可有效除去花萼。许多梨品种果实上有纵向肋沟，似桃、李、杏果实的腹缝线，属于品种特征，无法消除。但有些梨品种果实上有些有肋沟，有些无肋沟，生产上应采取措施除去有肋沟的果实。如丰水梨有肋沟的果实一般是由花序下部的第 1 ~ 2 朵花形成的，第 3 ~ 5 朵花结的果多数无肋沟，因此疏花时将花序最下部的 1 ~ 2 朵花和第 5 朵以上的花疏除，并在套袋前定果时只留无肋沟的幼果，就可基本除去肋沟果。

六、疏花疏果

（一）合理确定负载量

确定合理的负载量，是正确应用疏花疏果技术的前提。在一定负载量范围内，产量与负载量成正相关。但负载量过大，单果重就会明显下降，产量增加也不明显，有时产量反而会下降。合理负载量的确定，受品种、树龄、树势、栽培密度和气候条件等多种因素影响，目前，生产上广泛采用果间距法，即根据果型的大小确定负载量，疏除多余的花果，每个花序留单果，使果实之间间隔一定的距离。一般大果型品种的果间距为 25 ~ 30 cm,中果型品种的果间距为 20 ~ 25 cm,小果型品种的果间距为 15 ~ 20 cm。该法简单易行,容易掌握。

(二)疏花

疏花芽应在花芽膨大前期结合果树复剪疏除花芽。疏花应在花芽序分离期进行,当梨树的花枝超过总枝量的 50% 时,应采用疏花技术。疏花后留下的花枝以占总枝量的 30% ~ 40% 为宜。疏花时,叶片未展开或展开不多,与疏果相比,疏花技术操作方便,效率高,效果也较好。但疏花技术只能在具有良好授粉条件的梨园和花期气候稳定的地区应用;在花期常有晚霜、阴雨、低温和大风的地区,疏花容易造成授粉不良,不宜使用。

疏花时期应从花蕾分离期至落花前进行,越早越好。这段时间较短,只有十几天,因此要组织好劳动力集中突击。当花蕾分离,能与果台枝分开时,按留果标准,每果留一个花序,将其余过密的花序疏掉,保留果台。凡疏花的果枝,应将一个花序上的花朵全部疏除。这样发出的果台枝,在营养条件较好的情况下,当年就可形成花芽。疏花时,用手轻轻掰掉花蕾,不要将果台芽一同掰掉。应先疏去衰弱和病虫危害的花序,以及坐果部位不合理的花序;对于需要发出健壮枝条的花芽,如受伤部位枝条的顶花芽,应及时将花蕾疏除。总之,疏花应本着弱枝少留、壮枝多留的原则,使花序均匀分布于全树。

(三)疏果

为了保证适宜的坐果,一般在盛花后 4 周开始疏果,即落果高峰过后、花芽分化开始前进行。对于一些坐果率高、落果极少的品种,可在盛花后 2 周进行。从理论上讲,当幼果能够分出大小、歪正、优劣时,疏果越早,效果越好。但是,在生产实践中还要考虑到品种的自然坐果率和品种的成熟期,以及气候条件等。自然坐果率高的品种早进行,自然坐果率低的品种晚进行;早熟品种早进行,中晚熟品种可适当推迟。

根据留果量的多少,疏果可分 1 ~ 3 次进行,疏果时用剪刀将病虫果、畸形果、小果从果柄处剪掉疏除,将大果、长形果和端正果留下。疏果时切勿触碰预留果。疏果后保留合适的树体负载量,并使保留在树上的幼果合理分布。一般纵径长的幼果细胞数较多,有形成大果的基础,应留纵径长的幼果,疏掉纵径短的果。通常在一个花序上,自下而上的第2~4序位的果实纵径较长。每个花序留一个果,若花芽量不足,可留双果。

此外,在保证树体合理负载量的基础上,应遵循以下疏果原则:壮枝多留,弱枝少留;临时枝多留,永久枝少留;直立枝多留,下垂枝少留;树冠上部、外围多留,树冠下层、内膛少留。

七、保花保果防裂果

落花落果的直接原因是果柄离层的形成,离层形成与内源激素不足有关。及时地喷施生长调节剂,可防止果柄离层产生,减少落果,提高坐果率。在盛花期前可喷施0.3%的硼砂,幼果期喷赤霉素可提高坐果率。在5月上中旬施足磷、钾肥,并用杂草覆盖树盘,抗旱保墒可防裂果。同时不要一次性施过多速效氮肥,使果肉果皮发育均衡,以减少果实表皮的角质龟裂而形成的锈斑。同时应少喷波尔多液,以减轻锈果产生。

八、果实套袋

梨树果实套袋栽培是生产优质、高档、无公害果品的重要措施,也是增强梨果市场竞争力的必要手段。果实套袋可有效地保护果实免遭病虫危害、药物污染以及擦伤等,可使果皮光洁,减少锈斑,色泽变浅,果点少小,很大程度上提高了果品的外观品质,但风味变差。纸袋透光率越低,皮色越浅,果点也相对越小,果皮厚硬,风味也差。因此,要根据实际需要选择合适的专用纸袋进行套袋。

(一)纸袋选择

(1)褐皮梨品种,如‘南水’、‘丰水’、‘圆黄’、‘爱宕’等,可套外黄内黑双层袋。套袋后果皮由褐色、粗糙变成淡褐色或褐黄色,果肉细腻。

(2)绿皮梨品种,如‘黄金梨’、‘中梨1号’(绿宝石)、‘新世纪’、‘大果水晶’等,如要求果皮呈乳黄或金黄色的,可先套白色小蜡袋,后加套外黄内黑双层袋;要求果皮呈淡绿色的,可将2次套袋改为外黄内白或外黄内黄双层专用袋，其果面细嫩、美观。

（3）红皮梨品种，如‘红考蜜斯’、‘紫巴梨’等，可套外黄内黑或外黄内红的双层专用袋。采收前 20 d 左右摘袋，果面呈鲜红色，果肉细腻。

（二）套袋前的病虫害防治

要选用不易产生药害的高效杀虫、杀菌剂。忌用油剂、乳剂和标有“F”的复合剂农药，不用波尔多液、无机硫剂、硫酸锌、尿素等对果皮刺激性较强的农药及化肥。为减少用药次数，杀虫剂和杀菌剂可混合喷施，套袋前喷药重点是喷洒果面。喷头不要离果面太近，因为压力过大易造成锈斑或发生药害。药液喷成细雾状均匀散布在果实上。喷药后待药液干燥后即可进行套袋，严禁药液未干就套袋，否则会产生药害。

（三）套袋时期和方法

1. 套袋时期

一般从谢花后 15 ~ 20 d 开始套袋。梨不同品种套袋时期有区别，绿皮梨品种应尽早套袋；褐皮梨品种可以晚些，但一般也要求谢花后 1 个月左右完成。如‘翠冠’、‘黄金梨’等绿皮梨品种，应在谢花后 10 ~ 20 d 果面未形成斑点时及时套袋；但是绿皮梨品种中的‘早酥梨’等果点小、颜色淡品种套袋时期可稍晚一些。西洋梨为防止果实轮纹病发生要尽早套袋，一般谢花后 10 ~ 15 d 后开始套袋。

2. 套袋方法

一般先套树冠上部的果，后套树冠下部的果，上下左右内外均匀分布。通常应整个果园或整株树套袋。套袋时，先把手伸进袋中使袋体膨起，一手抓住果柄，一手托袋底，把幼果套入袋中，将袋口从两边向中部果柄处挤摺，再将铁丝卡反转 90°弯绕扎紧在果柄或果枝上。一定要把袋口封严，但也不要扎得过紧，以防损伤果柄，影响幼果生长。套完后，用手往上托袋底，使全袋膨起，两底角的出水孔张开，幼果悬空在袋中，不与袋壁贴附。

（四）摘袋时期和方法

1. 摘袋时期

对于在果实成熟期需要着色的品种（‘红皮梨’等），应在采收前

20 ~ 30 d 摘袋;其余品种可带袋采收。

2. 摘袋方法

摘除双层袋时,为防止日灼,可先去外袋,将外层袋连同捆扎丝一并摘除,靠果实的支撑保留内层袋;待 3 ~ 5 个晴天后再去掉内层袋。一般选在晴天的 10:00 ~ 16:00 摘袋,其中 14:00 ~ 16:00 摘袋发生日灼最少。

九、花果期病虫害防治

梨树的主要病害有黑星病、锈病、黑斑病和轮纹病。主要虫害有梨二叉蚜、梨大食心虫、梨小食心虫、梨星毛虫、梨木虱、梨网蝽、梨圆介壳虫等。积极贯彻“预防为主,综合防治”的方针,以农业和物理防治为基础,提倡生物防治,按照病虫害的发生规律,科学使用化学防治技术,有效控制病虫危害。

(一)物理措施

1. 人工捕捉

对迁移性较强的害虫采用人工捕捉不失为一个好途径,如天牛、金龟子等,如天牛其幼虫在冬季进行人工捕捉或用铁丝插入刺死或用毒签均可。

2. 采用频振式杀虫灯

频振式太阳能杀虫灯可诱杀梨小食心虫等害虫,降低农药使用量,提高梨产品品质。

3. 悬挂捕虫板

一般在 4 月初至 5 月初,每亩用规格为 20 cm × 30 cm 的黄板 30 张,利用蚜虫、粉虱、潜叶蛾等害虫成虫的趋黄性,引诱害虫扑向带有黏胶的黄板,达到防虫的目的。

4. 性引诱剂

昆虫多发季节,在果园内排放水盒,盒内放水和少量肥皂粉或菜油,水面上方 1 ~ 2 cm 处挂昆虫性引诱诱芯,可诱杀大量前来交配的昆虫,降低害虫基数。

5. 缠绕粘虫带

在每年的 4 月上中旬在树干上缠 1 周粘虫带，以粘杀出土上树的越冬代害虫；于 9 月上中旬，在树干上缠一周瓦楞纸，以诱捕下树入土的越冬害虫等。

（二）生物防治

保护并利用害虫天敌、寄生菌，实行生物防治，如赤眼蜂、瓢虫等。

（三）化学防治

根据防治对象的生物学特性和危害特点，允许使用生物源农药、矿物源农药和低毒有机合成农药，有限度地使用中毒农药，禁止使用剧毒、高毒、高残留农药。根据天敌发生特点，合理选择农药种类、施用时间和施用方法，保护天敌，充分发挥天敌对虫害的自然控制作用。科学合理地使用农药，加强病虫害的预测预报，有针对性地适时用药，未达到防治指标或益害虫比合理的情况下不用药。严格按照规定的浓度、每年使用次数和安全间隔期要求施用，喷药均匀周到。严禁使用国家明令禁止的农药和未核准登记的农药。

花序分离至小球期，喷石硫合剂、敌杀死可防治梨木虱、黄粉蚜、梨蚜等。当有花瓣脱落时，喷布吡虫啉、氯氰菊酯、苯醚甲环唑、阿维菌素，可用来防治梨黑星病、黑斑病、梨木虱、梨瘿蚊、花腐病等病虫。

套袋前喷施 1 次杀虫杀菌剂，防治轮纹病、黑星病、黄粉虫、康氏粉蚧等病虫。药剂可选用甲基托布津、代森锰锌、阿维菌素、吡虫啉、溴氰菊酯等。

第七章　梨树土肥水管理

第一节　土壤管理

梨树的抗逆性强,适应性较广,沙地、山地和丘陵地均可栽培。栽植土质以土层深厚、排水良好、较肥沃的沙壤土为宜。

一、深翻与耕翻

(一)深翻

深翻可加深根系分布层,使根系向土壤深处发展,减少"上浮根",提高抗旱能力和吸收能力,对复壮树势、提高产量和质量有显著效果。深翻方法为沟宽 50 ~ 60 cm、深 60 ~ 80 cm,深翻结合施肥效果更好。

深翻对树冠扩大和早结果十分有利。园地深翻方法有深翻扩穴、隔行深翻和全园深翻。

(1)深翻扩穴指每年结合秋施基肥向外深翻扩大栽植穴,直到全园株行间全部翻遍,主要用于幼年树。

(2)隔行深翻,即隔 1 行深翻 1 行,分两次完成,每次只伤一侧根系,对果树的影响较小。这种行间深翻便于机械作业,适于盛果期果园。

(3)全园深翻,是将栽植穴以外的土壤一次深翻完毕。全园深翻范围大,只伤一次根,翻后便于平整园地和耕作,但用工量多,适于幼龄梨园。

深翻时要注意:①深翻要与施肥、灌水相结合。②深翻时表土与底土分别堆放,表土回填时应填在根系分布层。③尽量少伤、断根,特别是 1 cm 以上较粗大的根,对粗大根最好剪平断口,回填后要浇水。④山地果园深翻要注意保持水土,沙地果园要注意防风固沙。

关于梨园深翻改土的时期，春、夏、秋、冬四季都可以，但干旱、无灌溉条件时不适宜深翻。9～11 月最好，这个时候根系生长仍处于活跃期，地上部有机营养回流，伤根愈合快，有利于发生新根。各个季节深翻时需要注意以下几点：①春季深翻，要在土壤解冻后尽早进行。我国北方由于春旱，深翻后需要及时浇水，早春多风地区，蒸发量大，深翻过程中应及时覆土，保护根系。②夏季深翻的时候，最好在根系前期生长高峰过后，雨季来临前后进行，不要伤根过多，以免引起落果。结果期大树不要在夏季深翻。③秋季深翻，通常在果实采收前后结合秋施基肥进行。④冬季深翻，在入冬后至土壤封冻前进行。冬季深翻后要及时填土，以防冻根；如果墒情不好，还要及时灌水。

（二）耕翻

土壤耕翻以落叶前后进行为宜，耕翻深度 10～20 cm。耕翻后不耙，以利于土壤风化和冬季积雪，盐碱地耕翻有防止返盐的作用，并有利于防止越冬害虫。

二、果园覆盖

覆盖能减少水分蒸发，抑制杂草生长，增加土壤有机质含量，保持土壤疏松，透气性好，根系生长期长，吸收根量增多，提高叶片光合能力，增强树势，改善果实品质。覆盖物可选用玉米秸秆、麦秸和杂草等，覆盖在 5 月上旬灌足水后进行，通常采用树盘内覆盖的方式，厚度 15～20 cm，覆盖第三年秋末将覆盖物翻于地下，翌年重新覆盖。当旱地梨园缺乏覆盖物时，也可采用薄膜覆盖法。

三、中耕除草

对于年降水量较少的梨区多采用清耕法。树盘内应保持疏松无草，劳力不足时可采用化学除草剂除草。每次灌水或降雨后均应进行中耕，以防地面板结，影响保墒和土壤通透性。雨季过后至采收前可不再进行中耕，使地面生草，以利吸收多余水分和养分，提高果实质量。

四、客土和改土

幼树期是进行园地土壤改良的较好时期,对土壤条件欠佳的园地,必须在梨树进入结果期前将土壤改良工程完成。

(一)客土法

客土法即搬运到别处的土壤掺和在过沙或过黏的本地土壤中,使之相互混合,以改良本园土壤的方法。具体操作有两点:一是培土。培土可增加土层厚度,保护根系,减少冻旱危害;沙碱地培土后还可防止土壤返碱。培土量视植株大小、土源、劳动力等条件而定。培土厚度一般掌握在 5 ~ 10 cm 为宜。二是客土整地和栽植。客土整地是定植前将黏土运入沙土地,撒匀后深翻,使黏土与沙土混合。操作时要使客土与本土混合均匀,切忌黏压沙,影响根系生长,还可以增施有机肥,通过施用大量有机肥,提高土壤中的有机质含量,改善土壤结构和质地。

(二)沙土和黏土地改良

沙地压黏土、黏土掺沙土可起到疏松土壤、增厚土层、改良土壤、增强蓄水保肥能力的作用,是沙地、黏土地土壤改良的一项有效措施。增施有机肥也是沙地、黏土地改良的有效措施,有利于幼树的生长发育。

(三)盐碱地土壤改良

盐碱地改良的方法如下:

(1)修建排灌设施。盐碱地改良的主要措施就是洗盐,应设置健全的排灌系统,使之汛期不湿涝,干旱季节不返盐。

(2)深施有机肥。有机肥含有机酸,与碱起中和作用,有机质促进土壤团粒结构形成,提高土壤肥力,减少蒸发,防止返碱。

(3)地面覆盖。地面铺沙、盖草或其他覆被物,可起到保墒、防止盐碱上升的作用。

(4)淤灌改良。用含有大量泥沙的河水灌溉田地,淤泥沙覆盖地面,改碱效果好、速度快、投资少。

(5)营造防护林和种植绿肥作物。防护林可以降低风速,绿肥枝叶可以覆盖地面,均可减少地面蒸发,防止盐碱上升。

(6)中耕、施用石膏。中耕减少蒸发,防止返盐;施用石膏对碱土有中和改良作用。

五、果园生草

在树盘以外行间播种豆科或禾本科等草种，生草后土壤不耕翻，能减轻土壤冲刷，增加土壤有机质，改良土壤理化性状，提高土壤肥力，提高果实品质。适宜种植的草种有白三叶草、黑麦草、紫花苜蓿、瓦利斯、紫云英、黄豆、苕子等。自春季至秋季都可以播种，一般春季3～4月和秋季9月最适宜。3～4月播种，草被可在6～7月果园草荒发生前形成，9月播种，可避开果园草荒的影响，减少剔除杂草的繁重劳动。播种量以生草种类而定，如黑麦草、羊茅草等牧草每亩用草种2.5～3 kg，白三叶、紫花苜蓿等豆科牧草每亩用种量就只需要1～1.5 kg。生草梨园要加强水肥管理，于豆科草开花期和禾本科草长到30 cm时进行刈割，割下的草覆盖在树盘上。

在梨园土壤管理方面，最好的形式是行内覆盖行间生草法。

第二节　施肥技术

一、多施有机肥，培肥改良土壤

有机肥中不仅含有梨树生长所需要的各种营养元素，而且可以改良土壤的结构，增加土壤的养分缓冲能力和保水能力，改善土壤的通气状况，降低土壤的根系生长阻力，有利于梨树的生长发育。

二、氮肥的施用

氮是梨树需要量较大的营养元素之一。氮肥每生产100 kg果实吸收0.4～0.6 kg的氮素。氮肥的使用对梨树的生长和发育均有很大的影响。在一定范围内适当多施氮肥，有增加梨树的枝叶数量，增强树势和提高产量的作用。但若施用氮肥过量，则会引起枝梢徒长，不仅引起坐果的营养失调，而且诱发缺钙等生理病害的发生。

在氮、磷、钾三要素中，梨树的幼树相对需要的氮较多，其次是钾，吸收的磷素较少，约为氮量的1/5。结果后，梨树吸收氮、钾的比例与幼树基本相似，但磷的吸收量有所增加，约为氮量的1/3。在施肥上应有所区别。一般梨树在幼树时期，依据树体的大小，氮肥的施用量为每年亩施氮肥量以纯氮计为5～10 kg，进入结果期后逐步增加至15～20 kg，个别需肥较多的品种可增加至25 kg。

梨树对氮素的吸收以新梢生长期及幼果膨大期最多，其次为果实的第二个膨大期，果实采摘后吸收相对较少。因此，氮肥的施用主要有三个时期，第一施肥期是萌芽后开花前追施一定量的氮肥，可提高坐果率、促进枝叶的生长，有助于提高叶果比，维持营养生长和生殖生长平衡，特别是对于幼树和树势较弱的结果树追施氮肥可起到促进枝叶生长、增强树势的作用；一般施用量约为全年氮肥施用量的1/5。但对于树势较旺的果树，一般不宜在此期追施氮肥，以防梨树营养生长过旺，影响挂果。第二施肥期是新梢生长旺期后，果实的第二个膨大期前，适当追施氮肥并配合磷、钾肥的施用，有助于提高产量、改善品质；但不要追施过早，以防枝叶的营养生长过旺，影响梨果的糖分含量及品质；此期的施肥量约为全年氮肥施用量的1/5。第三施肥期是梨果采收前，及时追肥可为来年春天的萌芽和开花结果做好准备；一般此期的施用量约为全年氮肥用量的1/5。对于树势较弱和结果较多的梨树，若采收后不能及时追施基肥，可适当再施用一定量的氮肥，并配施磷、钾肥，以恢复树势，缓和树体的养分亏缺，为来年梨树的生长发育做好准备。

三、适量施用磷、钾肥

磷、钾也是梨树需要量较大的营养元素，每生产100 kg果实需吸收0.1～0.25 kg的五氧化二磷、0.4～0.6 kg的氧化钾。对结果的梨树所做的试验表明，配施磷、钾肥较单施氮肥的增高幅度在50%～85%。施用磷、钾肥不仅能提高梨树的产量，还能促进根系的生长发育，增加叶片中的光合产物向茎、根、果等部位协同运输，同时磷肥有十分显著的诱根作用，将磷肥适度深施可促进根系向土壤深层伸展，能显著提高果树的抗旱能力，减少病害的发生。

梨树在土壤含有效磷、钾含量较高时，增施磷、钾肥，往往没有肥效，只有注意氮肥与磷、钾肥的配合施用，才能取得较好效果。

四、合理施用硼、锌、铁等微量元素肥料

施用硼肥能显著降低梨树的缩果病发生，提高坐果率，减少果肉中木栓化区域的形成。对于潜在缺硼和轻度缺硼的梨树，可于盛花期喷施一次浓度为0.3% ~0.4%的硼砂水溶液。严重缺硼的土壤可于萌动前每株果树土施100 ~250 g的硼砂，有效期可达3 ~5年，如再于盛花期喷施一次浓度为0.3% ~0.4%的硼砂水溶液，则效果更好。

施用锌肥对矫治梨树的叶斑病和小叶病效果十分显著，一般病枝恢复率达90%以上，可提高梨树的坐果率，增加梨果产量，且能够提高叶片中的氮、磷、钙等的含量水平。较为有效的喷施方法是用0.2%的硫酸锌与0.3% ~0.5%的尿素混合液于发病后及时喷施，也可在春季梨树落花后3周喷施，或发芽前用6% ~8%的硫酸锌水溶液喷施，能起到一定的预防作用。土壤施用硫酸锌的效果较差，施用螯合态的锌肥效果较好，但成本较高，一般较为经济有效的防治仍以喷施为主。大量施用有机肥在一定程度上可起到减少缺锌症的作用。

对于梨树的缺铁失绿黄化应加以矫治，目前常用的方法中效果较好的有：①土施，多用“局部富铁法”，即将硫酸亚铁与饼肥（豆饼、花生饼、棉籽饼）和硫酸铵按1∶4∶1的重量比混合，在果树萌芽前作基肥集中施入细根较多的土层中，根据果树的大小和黄化的程度，每株果树的施用量控制在3 ~10 kg。②叶面直接喷施硫酸亚铁的效果一般较差，应用黄腐酸铁与尿素的混合液喷施矫治黄化的效果较好，但有效期较短；也可应用硫酸亚铁0.3%、尿素0.5%，在果树生长旺季每周喷施一次。③对于有条件的地方，也可使用强力树干注射机进行硫酸亚铁的木质部注射，其效果虽然较好，施用量也很少，一般仅为土施的1%左右，但该方法仅适用于成年果树，注射的剂量范围较窄，施用不当容易影响梨树的正常生长。

五、梨树的施肥时间和方法

（一）基肥

梨树的施肥应以基肥为主。最好的基肥施用时间为秋季，早熟的

品种在果实采收后进行，中晚熟的品种可在果实采收前进行。秋施的好处在于：

(1)根据对根系生长规律的观测得知，梨树根系1年有两次生长高峰期，一次是在春季3～5月，一次是在9～11月。基肥在采收后8～9月早秋施入，正好迎着秋根生长高峰，至上冻前，根系有2～3个月的生长时期，能使伤根早愈合，并促发大量新的吸收根。

(2)这些秋后的新生吸收根，可促进秋根吸收和秋叶光合作用，增加贮藏营养水平，提高花芽质量和枝芽充实度，从而提高抗寒力，效果极佳。

(3)最重要的是，秋天生的根比来春现生的根活动早，吸肥早，促进根系的春季生长高峰，从而对萌芽、展叶、开花、坐果及幼果生长十分有利。尤其对中短枝早期叶片的展开和光合作用，效果更明显。

(4)基肥秋施，经过冬春腐熟分解，肥效能在来春养分最紧张的时期(4～5月营养临界期)，得到最好的发挥。而若冬施或春施，肥料来不及分解，在土中干埋，春季需要肥时有劲儿使不上。等到雨季后才能分解利用，反而造成秋梢旺长。秋梢旺长，争夺去大量肥料，反而使中短枝养分不足，成花少，贮藏水平低，不充实，易受冻害。所以，密植园必须坚持基肥秋施，并在大年时加入少量化肥。

(二)追肥

追肥的施用时期因树势的不同有一定的差异，一般在萌芽前、花期、果实膨大期进行。

(1)萌芽前肥。萌芽前10 d左右，吸收根开始活动。相继花芽、叶芽、新梢、叶片生长、开花、坐果，需要大量的蛋白质，此期追肥应以氮肥为主。追肥量要大些，追肥后灌水。

(2)落花后肥。落花后正处于新梢由旺盛生长转慢至停止生长，花芽作分化前的营养准备，也是新旧营养交接的转换期，如果供肥不足或不及时，容易引起生理落果和影响花芽分化。此期应以施三要素或多元素复合肥为好。

(3)果实膨大肥。7～8月是梨果迅速膨大期，此期应以钾肥为主，配以磷、氮肥，可提高果品的产量和质量，并可促进花芽分化。

（三）施肥方法

具体的施肥方法以树的大小而定，树体较小时一般采用轮状施肥，施肥的位置以树冠的外围0.5～2.5 m为宜，开宽20～40 cm、深20～30 cm的沟，将肥料与土壤适度混合后施入沟内，再将沟填平。成年梨树最好采用全园施肥，结合中耕将肥料翻入土中。由于梨树的根系主要集中在土层的20～60 cm范围，且根系的生长有明显的趋肥性，对于有机肥和磷、钾肥最好施入20～40 cm深的土壤深层，以提高根系分布的深度和广度，增强梨树的吸收能力，提高其抗旱能力和树体固地性。

此外，还可进行根外追肥。根外追肥也叫叶面喷肥，即把化肥配成适当的浓度，用喷雾器喷到叶、枝、果面上，通过皮孔、气孔、皮层，直接被吸收利用，省去了通过根吸收再向上运输分配的过程，此方法的优点是：

（1）省工省肥，见效极快。尿素喷后几小时即可吸收，24 h可吸收80%，2～3 d后叶片明显转绿。生产上，落花后5月喷“亮叶肥”效果极佳。在某个高峰极度缺肥时刻，是急救的最好措施。

（2）提高肥料利用率。喷肥可以防止因土施化肥被土壤固定、流失，或受土壤理化性状干扰等损失，可大大提高肥料利用率。

（3）克服养分竞争。喷肥可以克服由于各生长高峰引起的中心分配的养分竞争。中短枝叶片可以直接吸收利用，形成较多花芽，尤其对幼旺树和大年树更适用。

（4）增加局部养分积累。喷肥与拉枝、环剥等夏季促花措施相结合，增加被处理枝的局部养分积累，促花增产更明显，在缺少微量元素的梨园，喷肥效果最为显著。

叶面喷肥为0.3%尿素，从春到秋均可喷用，可结合喷药加入尿素。其次是在生理落果后至采收期喷0.3%～0.5%磷酸二氢钾2～3次。为提高效果，最好在无风晴天早和晚喷肥，避免在中午喷肥，以防高温引起药害。由于品种、地理气候条件的差异，注意第一次喷肥时先试验后再大面积喷用。

第三节　灌水与排水

梨是需水量较多的树种，对水的反应亦比较敏感。我国北方梨区，干旱是主要矛盾之一。春夏干旱，对梨树生长结实影响极大，秋季干旱易引起早落叶，冬季少雪严寒，树易受冻害。据研究测定，梨树每生产1 kg干物质需水300～500 kg，生产果实30 t/hm^2，全年需水360～600 t，相当于360～600 mm降水量。凡降水不足的地区和出现干旱时，均应及时灌水，并加强保墒工作。

梨树一年灌水一般分4次进行，第一次是在萌芽前后到开花前灌水。梨树萌芽前到开花需要有充足的水分供应，用以完成萌芽、开花、抽枝、展叶等一系列生理过程。此时浇水，有利于促进梨树前期枝叶的生长发育和开花坐果。第二次是花后灌水。落花后适量灌水可以提高坐果率，如果前次灌水充足，花后土壤墒情良好，这次灌水可以省略。第三次是在果实膨大期。此时及时灌水，用以满足果实肥大对水分的要求，促进花芽健壮分化，提高产量，促进花芽形成，为连年丰产创造条件。此期保证水分供应至关重要。最后一次是采后及封冻前灌水。果实采收后结合秋施基肥灌水，有助于有机肥料的分解和吸收，增加树体营养物质的积累。土壤封冻前灌水，能提高树体抗寒越冬能力。

灌水量的确定，一般是让根系分布范围内土壤湿度达到田间最大持水量的60%～80%，一般要一次浇透。深厚土层应浸湿1 m以上，经过改良的土壤应浸湿0.8～1 m；盐碱地灌水不要与地下水相接。

另外，还应根据树种、树龄、物候期、间作物，以及日照、风、干旱持续时间等因素进行增减。

第一是传统的灌水方法——漫灌，一般应用在水源丰富、平地的梨园。这种方法比较经济省工，缺点是费水，容易使土壤板结、抬高地下水位，还会使土壤中的各种矿质营养渗漏。第二是盘灌，以树干为中心，在树冠投影外缘修筑土埂围成圆盘，树盘与灌溉沟相通。水从灌溉沟流入树盘内。这种方法用水经济，但浸湿土壤范围较少，也会破坏土壤结构。第三是沟灌，一般密植梨园每行1沟，稀植园1 m左右开1条沟。沟深 20 ~ 25 cm。这个方法不破坏土壤结构，用水较经济，便于机械化作业，是一种较合理的方法。第四是穴灌，在树冠外挖土穴 8 ~ 12 个，穴径在 30 cm，灌后将土复原。这种方式用水更为节约，并可结合追施速效液肥，在水源缺乏地区和丘陵山地梨园最为适宜。

此外，梨园灌溉还可以采用滴灌、喷灌、微喷灌、渗灌、穴贮肥水等方式。

位于低洼地、碱地、河谷地及湖、海滩地上的梨园，地下水位较高，雨季易涝，应建立好排水工程体系，做到能灌能排，保证雨季排涝顺畅。

第八章　梨树病虫害防治

第一节　梨树主要病害

一、梨树锈病

(一)症状

锈病又称赤星病、羊胡子病,主要危害梨树叶片、新梢及幼果等幼嫩绿色组织。叶片发病开始表现为黄绿色小圆点,后病斑扩大,叶背面隆起并丛生许多黄褐色毛状物。

(二)病原物

梨树锈病的病原菌为梨胶锈病菌 *Gymnosporangium haraeanum* Syd.,属担子菌亚门胶柄锈属真菌。

(三)发生规律

锈病是一种转主寄生病害,以菌丝在桧柏树枝条的病瘤内越冬,次年春季产生冬孢子角,冬孢子成熟后,高湿情况下萌发产生担孢子,担孢子随风雨传播,直接从梨树嫩叶、新梢和幼果表皮侵入,也可从气孔侵入梨树。一般展叶后不久的嫩叶感病最重,随后逐渐抗病甚至不感病。担孢子侵入后,形成病斑,产生性孢子器和性孢子,性孢子进行有性结合受精后,在叶片背面形成双核菌丝体及锈子器,锈子器中产生锈孢子,锈孢子于春末夏初随风雨传播至桧柏树枝条并萌发侵入,当年没有再侵染。

(四)主要防治方法

1. 清除菌源

砍除梨园周围的桧柏,3~4 月剪除柏树上的菌瘿等。如不能清除桧柏,应于早春对桧柏喷洒 3~5 波美度石硫合剂防治。

2. 化学防治

梨树锈病主要在春季新梢萌发，叶片初展开时，降雨期间侵染，应于雨前及时喷药保护，或雨后及时用药补救治疗。药剂可选择43%戊唑醇悬浮剂4 000倍液、80%代森锰锌可湿性粉剂800倍液、250 g/L吡唑醚菌酯乳油2 000倍液。需注意不同作用机制药剂混用或轮换使用。

二、梨树黑星病

（一）症状

梨树黑星病可侵染梨树包括叶片、叶柄、果实等几乎所有绿色组织。叶片发病，背面产生黑色霉层，严重时可提前脱落。果实感病，初期黄色病斑，随后逐渐扩大，病部木栓化并呈疮痂状龟裂，上生黑色霉层。

（二）病原物

梨树黑星病病原菌为子囊菌亚门真菌，主要为纳雪黑星病 *Venturi-anashicola Tanakaet* Yamamo 和梨黑星病菌 *Venturiapirina* Aderh。

（三）发生规律

病菌以分生孢子或菌丝体在腋芽鳞片、病叶果和枝条等部位越冬，或者以分生孢子团及未成熟的子囊壳在落叶上越冬。病菌主要借风雨传播。分生孢子萌发最佳温度为22～23 ℃。

黑星病从花后即可侵染，发病时间较长，但发病盛期一般为当地雨季期间。

（四）主要防治方法

1. 清除菌源

清除果园落叶并烧毁或深埋，减少越冬菌源。

2. 化学防治

春节梨树萌芽初，喷施3～5波美度石硫合剂清园。

生长季节根据天气情况，可在雨前及时喷药防治。药剂可选择43%戊唑醇悬浮剂4 000倍液、400 g/L氟硅唑乳油8 000倍液、30%苯醚甲环唑悬浮剂3 000倍液、80%代森锰锌可湿性粉剂800倍液、30%苯醚甲环唑吡唑醚菌酯悬浮剂2 000倍液、400 g/L戊唑醇克菌丹悬浮剂800倍液。

三、梨树轮纹病

(一)症状

轮纹病可危害梨树枝干、果实和叶片,以果实和枝干为主。

危害枝干时,初期以皮孔为中心产生瘤状突起,后逐渐扩大为褐色病斑。果实染病,多在近成熟和储藏期发病,有的病斑具有明显轮纹状,病部组织呈软腐状。

(二)病原物

梨树轮纹病为子囊菌亚门葡萄座腔菌属(*Botryosphaeria*)引起。

(三)发生规律

病菌在枝干上以菌丝体或分生孢子器及子囊壳越冬,翌年春季至秋末从分生孢子器顶端溢出丝状分生孢子角,内含大量分生孢子。子囊孢子也可以是初侵染源。分生孢子主要借雨水传播,从皮孔侵染。果实被侵染后不立即发病,近成熟期或储藏期发病。该病再侵染时间较长。

(四)主要防治方法

1.清除菌源

休眠季节,清除病叶、病果、病枝,枝干有病斑时,可在休眠期或生长季节刮除病瘤,并随后立即使用伤口愈合剂涂抹保护。

2.果实套袋

疏果后及时套袋,套袋前使用安全性较高的药剂喷施保护。

3.药剂防治

春节梨树萌芽初,喷施3~5波美度石硫合剂清园。

生长季节根据天气情况,可在雨前及时喷药防治。药剂可选择70%甲基硫菌灵水分散粒剂800倍液、43%戊唑醇悬浮剂4 000倍液、30%苯醚甲环唑悬浮剂3 000倍液、80%代森锰锌可湿性粉剂800倍液、30%苯醚甲环唑吡唑醚菌酯悬浮剂2 000倍液、400 g/L戊唑醇克菌丹悬浮剂800倍液。

四、炭疽病

(一)症状

炭疽病主要危害果实,也可危害枝干。果实受害初期果面出现淡褐色斑点,逐渐扩大成深褐色、下陷的圆斑。剖果观察,果肉褐色,有苦味,呈漏斗状向果心腐烂。

(二)病原物

炭疽病有性态为围小丛壳 *Glomerellacingulate*(Stoneman)Spaul d. etH. Schrenk,属于子囊菌亚门小丛壳属。无性态为胶孢炭疽菌,属于半知菌亚门。

(三)发病规律

病菌在病果、果台、干枝、僵果上越冬,第二年春季温湿度适宜时,产生分生孢子借风雨、昆虫传播。分生孢子萌发后,产生芽管直接侵入寄主表皮,通过皮孔、伤口侵入,侵入后一般在果面蜡质层下潜伏,6 月中下旬至 7 月开始发病,每次雨后有 1 次发病高峰期。果实生长后期为发病盛期。

(四)主要防治方法

1. 清除侵染源

结合冬季修剪,彻底剪除树上的枯死枝、小僵果,集中烧毁或深埋。花芽萌动前进行石硫合剂清园或生物硫清园处理。

2. 农业措施

加强田间管理,合理疏枝,改善果园通风透光,增施钾肥,提高果树抗性。

3. 化学防治

在生长季节,降雨前后及时用药防治。

药剂可选择 30% 苯醚甲环唑悬浮剂 2 500 倍液、40% 氟硅唑乳油 8 000 倍液、80% 代森锰锌可湿性粉剂 800 倍液、15% 吡唑醚菌酯悬浮剂 1 000 倍液。

第二节　梨树主要虫害

一、梨茎蜂

(一)为害状

梨茎蜂(又叫梨梢茎蜂或梨茎锯蜂)属膜翅目,茎蜂科,是梨树主要害虫之一。

新梢生长至6~7 cm时,梨茎蜂成虫在新梢4~5片叶处用锯状产卵期将嫩梢锯伤,在锯口下产一卵,锯口以上嫩梢萎蔫下垂。

(二)形态特征

1. 成虫

体长9~10 mm,黑色。翅淡黄、半透明。雌虫腹部内有锯状产卵器。

2. 蛹

蛹全体白色,离蛹,羽化前变黑色,复眼红色。

3. 幼虫

长约10 mm,初孵化时白色渐变淡黄色。尾部上翘,形似“~”形。

4. 卵

长约1 mm,椭圆形,稍弯曲,乳白色、半透明。

(三)发生规律

一年发生1代,老熟幼虫在被害枝橛下2年生小枝内越冬。翌年3月中下旬化蛹,梨树花期时成虫羽化。成虫在中午高温时飞翔活跃,交尾、产卵,早晚停歇于叶背。成虫平均寿命5~7 d,孵化后的幼虫向下蛀食,受害嫩枝渐变黑干枯,内充满虫粪。10月以后越冬。

(四)防治方法

1. 剪除被害梢

及早剪除被害梨树新梢,在卵期或幼虫尚未蛀入2年生枝之前(6月前)剪除。

2. 化学防治

掌握成虫发生期,即谢花后新梢长至6~7 cm时,用7.5%高效氯氟氰菊酯吡虫啉悬浮剂800倍液喷洒防治。

二、梨木虱

(一)为害状

梨木虱,属半翅目木虱科,主要以幼、若虫刺吸芽、叶、嫩枝梢汁液进行为害,还分泌蜜露,招致杂菌,引起褐色枯死斑,引起早期落叶。成虫不为害，只产卵，产卵后迅速死亡。

（二）形态特征

1. 成虫

越冬型雄成虫体长 2.8 ~3.2 mm，雌成虫体长 3.0 ~3.1 mm，体暗褐色。夏型成虫体长略小，雄成虫体长 2.3 ~2.6 mm，雌成虫体长 2.8 ~2.9 mm，体由绿至黄色。

2. 若虫

若虫扁椭圆形，浅绿色，复眼红色。

3. 卵

卵长圆形，黄色，一端尖细，一端钝圆，其下具有一短柄。

（三）发生规律

每年发生 4 ~6 代，以越冬型成虫在树干、主枝、树皮缝等处越冬，早春 2 ~3 月开始活动，在梨树萌芽期将卵产于芽基部、短果枝叶痕、芽缝等部位，多群集于新梢、叶柄等处为害，繁殖多代，常世代重叠，10 月以后成虫进入越冬。

（四）主要防治方法

（1）梨树萌芽期，采用 5% 高效氯氟氰菊酯水乳剂 1 500 倍液、7.5% 高效氯氟氰菊酯吡虫啉悬浮剂 800 倍液防治。

（2）梨木虱严重发生时，采用 15% 阿维菌素螺虫乙酯悬浮剂 2 500 倍液、1.8% 阿维菌素悬浮剂 2 000 倍液、30% 吡丙醚虫螨腈悬浮剂 2 000倍液防治。

三、梨小食心虫

梨小食心虫，属鳞翅目，卷蛾科，又称东方蛀果蛾、桃折心虫，俗称“打梢虫”。在国内广泛分布，为害苹果、桃、李、樱桃、杏、沙果、山楂、枣、海棠等果树。以幼虫钻蛀为害果树新梢和果实，在梨上主要为害果实。

（一）症状

嫩梢受害后很快枯萎，同时幼虫转移其他嫩梢继续为害，每个幼虫可为害 3 ~4 个新梢。幼虫为害果实多从果与果相贴处蛀入，初期入果较浅,入果孔周围凹陷,变黑腐烂,表面有细粒虫粪,俗称“黑膏药”。果实上的脱果孔较大,周围粘有虫粪。剥开虫果可见虫道直达果心,咬食种子,虫道内和心室内有细粒虫粪。

(二)识别特征

1. 成虫

体长 4.6 ~ 6.0 mm,翅展 10.6 ~ 15.0 mm。虫体灰褐色,翅前缘上有 10 组白色短斜纹,近外缘处约有 10 个黑斑,翅面中央有 1 个小白点。后翅浅灰褐色。

2. 卵

扁椭圆形,初产时乳白色半透明,后变为浅黄色。

3. 幼虫

老熟幼虫体长 10 ~ 13 mm,头部黄褐色,体背面粉红色,腹面色浅。低龄幼虫体白色,头及前胸背板黑色。

4. 蛹

黄褐色,长 7 ~ 8 mm。

5. 茧

长椭圆形,长约 10 mm,白色丝质。

(三)发生规律

发生代数因各地气候不同而异。华南 1 年发生 6 ~ 7 代,华北 1 年发生 3 ~ 4 代。以老熟幼虫在果树枝干缝隙、主干根茎周围表土、堆果场所等处结茧越冬,第二年 3 月下旬至 4 月上中旬化蛹,4 月上中旬为越冬代成虫高峰期,卵期 7 ~ 10 d,第一代幼虫于 5 月上旬发生,为害嫩梢,一般第一代历期约 45 d,第二代历期约 35 d,以后各代历期约 30 d。

(四)主要防治方法

1. 人工防治

8 月上中旬,在树干上束草或瓦楞纸,诱集越冬幼虫,冬季刮除老、翘皮,并解除束草或瓦楞纸,集中烧毁。4 月发现桃梢顶端叶片刚变色并且枯萎时,及时剪去被害梢,并集中销毁。

2. 性诱剂监测防治或迷向器防治

在树冠上部悬挂性诱剂引诱雄虫,监测到成虫高峰后,开始准备在卵孵化高峰期用药防治。或悬挂迷向器，利用较大剂量的性信息素干扰成虫交配，从而达到防治目的。此法需要连片防治，防效比较彻底。

3. 药剂防治

结合性诱剂监测，在成虫高峰期前后 3 d 左右，间隔 3 d 药剂喷雾 1 ~2 次。药剂可选择 2.5% 高效氯氟氰菊酯悬浮剂 1 000 倍液、1.8% 阿维菌素乳油 2 000 倍液、20% 氯虫苯甲酰胺悬浮剂 4 000 倍液、3% 甲胺基阿维菌素苯甲酸盐悬浮剂 2 000 倍液。

四、梨黄粉蚜

梨黄粉蚜又叫梨黄粉虫，是套袋栽培模式的重要害虫。

（一）为害状

梨黄粉蚜一般聚集在果实萼凹处危害，后期受害处果实变黑腐烂。由于虫体较小，聚集部位看上去似“黄粉”状，即该虫的成虫、卵和若蚜。

（二）识别特征

1. 成虫

倒卵圆形，体长 0.7 ~0.8 mm，鲜黄色，无翅，无腹管。

2. 卵

卵椭圆形，长 0.2 ~0.4 mm，黄色。

3. 若虫

体形与成虫相似，但较小，淡黄色。

（三）发生规律

一般以卵在果台、树皮裂缝及翘皮下越冬。翌年春季梨树开花时孵化，先在翘皮下危害，变为成虫后继续产卵繁殖，一年发生 8 ~10 代。

6 月上中旬转移到果实危害，群集于果实萼凹处危害繁殖，梗凹和两果相接处也会受害，甚至蔓延到果面上。

果实接近成熟时受害最重。8 ~9 月出现有性蚜，交尾后转移，产卵越冬。

储藏、运输等环节仍可继续危害。

（四）主要防治方法

结合梨黄粉蚜发生规律，喷药防治。梨树萌芽后至花前，以及谢花后、套袋前，结合防治越冬代梨木虱等其他害虫，使用药剂防治。药剂可选择7.5%高效氯氟氰菊酯吡虫啉悬浮剂800倍液、50%氟啶虫胺腈水分散粒剂8 000倍液、46%氟啶虫酰胺啶虫脒水分散粒剂6 000倍液。

五、绿盲蝽

（一）为害状

绿盲蝽是农作物及果树的重要害虫。该虫以成虫和若虫刺吸新梢顶芽嫩叶花蕾及幼果汁液危害。花和幼果受害后变色，有的形成褐色或黑色小点，逐渐木栓化，影响发育。

（二）识别特征

成虫体长5 mm，绿色，复眼黑色突出，无单眼。小盾片三角形微突，黄绿色，中央具1条浅纵纹。若虫5龄，与成虫相似。若虫初孵化时绿色，复眼桃红色。

（三）发生规律

北方一年发生3～5代，一般产卵于去年修剪口、翘皮或断枝内及土中越冬。翌年春季，一般随着树体萌芽，卵孵化，并开始危害嫩芽、花蕾等幼嫩组织。非越冬代卵多产于嫩叶、茎、叶、柄、叶脉、嫩蕾等组织内。

（四）主要防治方法

1. 清除越冬卵

根据绿盲蝽产卵特点，可在冬剪时剪去去年剪口。

2. 药剂防治

梨树萌芽初期，结合防治其他害虫，防治初孵若虫，压低虫口基数。由于绿盲蝽可危害多种作物和杂草，所以用药时要同时防治周边其他作物。绿盲蝽高温时会隐藏，所以用药应在早晨或傍晚用药。药剂可选择7.5%高效氯氟氰菊酯吡虫啉悬浮剂800倍液、50%氟啶虫胺腈水分散粒剂5 000倍液。

六、桃蛀螟

（一）为害状

桃蛀螟是多食性害虫，寄主范围广。主要以幼虫蛀食果实，蛀孔外和虫道内有大量虫粪。

（二）识别特征

成虫体长约 12 mm，翅展 22～25 mm，全体黄色，身体和翅面上具有多个黑色斑点，似豹纹状。老熟幼虫体长约 22 mm，体背暗红或淡灰褐色，头和前胸背板暗褐色，中后胸及腹部各节背面各有 4 个毛片，排成两列，前两个较大，后两个较小。

（三）发生规律

桃蛀螟一年发生 2～5 代，以老熟幼虫结茧于果树翘皮裂缝中、土石块缝内越冬，也可在玉米茎秆、高粱秸秆、向日葵花盘等处越冬。翌年 4 月开始化蛹、羽化，但很不整齐，造成世代重叠严重。成虫昼伏夜出，对黑光灯和糖醋液趋性强。

华北地区第一代幼虫发生在 6 月初至 7 月中旬，第二代幼虫发生在 7 月初至 9 月上旬，第三代幼虫发生在 8 月中旬至 9 月下旬。从第三代幼虫开始危害果实，卵多散产于枝叶茂密的果实上，或两个果实相互紧贴之处。卵期 6～8 d，幼虫期 15～20 d，蛹期 7～10 d，完成一代约 30 d。9 月中下旬后老熟幼虫转移至越冬场所越冬。

（四）主要防治方法

1. 人工防治

（1）每年 4 月中旬，越冬幼虫化蛹前，清除玉米、向日葵等寄主植物残体，并刮除树体翘皮集中烧毁，减少虫源。

（2）发芽前刮树皮、翻树盘等，处理桃蛀螟越冬场所，消灭越冬害虫。果实采收前树干束草诱集越冬幼虫，入冬后集中烧毁。生长季节及时摘除虫果、捡拾落果，并集中深埋，消灭果内幼虫。实行果实套袋，阻止害虫产卵和危害。

（3）诱杀成虫。利用成虫对黑光灯、糖醋液及性诱剂的趋性，诱杀成虫并预测预报。

(4)种植诱集植物。利用桃蛀螟成虫对向日葵花盘、玉米、高粱等产卵选择性,可在果园周围种植少量此类作物,待其产卵后集中消灭。

2. 药剂防治

根据预测预报,在第一代和第二代成虫产卵高峰期及时喷药防治。药剂可选择40%毒死蜱悬浮剂800倍液、23%高效氯氟氰菊酯微胶囊剂8 000倍液、20%氯虫苯甲酰胺悬浮剂5 000倍液、30%吡丙醚虫螨腈悬浮剂2 000倍液。

七、金龟子类

金龟子主要有黑绒鳃金龟子(鳃金龟科)、苹毛金龟子(丽金龟科)、铜绿丽金龟子(丽金龟科)。

(一)为害状

黑绒鳃金龟子主要取食嫩芽、新叶和花朵,尤其嗜食嫩芽嫩叶,严重时聚集暴食。

苹毛丽金龟子食性广,主要以成虫取食花蕾、花朵和嫩叶等,严重时可将花期组织吃光。

铜绿丽金龟子主要以成虫取食叶片,造成叶片残缺不全,严重时可将叶片吃光。幼虫地下取食果树和其他植物根系,危害也较重。

(二)识别特征

黑绒鳃金龟子、苹毛金龟子和铜绿丽金龟子识别特征如表8-1所示。

表8-1 黑绒鳃金龟子、苹毛金龟子和铜绿丽金龟子识别特征

类别	黑绒鳃金龟子(成虫)	苹毛金龟子(成虫)	铜绿丽金龟子(成虫)
识别特征	体长6~9 mm,体棕褐色或黑色,密被灰黑色绒毛,鞘翅在阳光下呈紫黑色光泽	体长9~13 mm,头和胸部古铜色,被黄白色绒毛,鞘翅茶褐色,有金属光泽	体长20 mm,头胸背面深绿色,鞘翅铜绿色

(三)发生规律

黑绒鳃金龟子、苹毛金龟子和铜绿丽金龟子发生规律如表8-2所示。

表 8-2　黑绒鳃金龟子、苹毛金龟子和铜绿丽金龟子发生规律

类别	黑绒鳃金龟子(成虫)	苹毛金龟子(成虫)	铜绿丽金龟(成虫)
发生规律	每年 1 代,以成虫在土中越冬,萌芽期出蛰,晴朗天气傍晚出土取食	每年发生 1 代,以成虫在土中越冬,近开花时出蛰,先在杨柳树上取食嫩叶,果树开花时取食花器	每年发生 1 代,以老熟幼虫在土壤中越冬,5 月开始出土羽化为害,成虫危害期较长

(四)主要防治方法

1. 物理防治

(1)利用金龟子类假死性,傍晚可人工震动树枝后捕杀成虫。

(2)诱捕杀虫:使用糖醋液或频振杀虫灯诱杀。

2. 化学防治

(1)地表用药:黑绒鳃金龟子和苹毛金龟子,可在金龟子出土前,地面喷施药剂,随后轻耙土表,将药土混入土中;或于雨前地面喷施药剂,随后雨水将药液淋入地下防治。喷施药剂可选择 522.5 g/L 毒死蜱氯氰菊酯乳油 800 倍液、45% 毒死蜱乳油 800 倍液、撒施药剂可选择 15% 毒死蜱颗粒剂,每亩撒施 1 000 g。

(2)树上杀虫:成虫发生期,可于傍晚喷施药剂防治,药剂可选择 7.5% 高效氯氟氰菊酯吡虫啉悬浮剂 800 倍液、45% 毒死蜱乳油 1 000 倍液。

八、叶螨类

(一)为害状

危害梨树的叶螨类害虫主要有山楂叶螨、二斑叶螨和苹果全爪螨。为害状如表 8-3 所示。

(二)识别特征

山楂叶螨、二斑叶螨和苹果全爪螨的识别特征如表 8-4 所示。

表 8-3　山楂叶螨、二斑叶螨和苹果全爪螨为害状

类别	山楂叶螨	二斑叶螨	苹果全爪螨
症状	主要在叶片背面危害		主要在叶片正面危害,数量多时才向背面扩散
	受害叶片正面可见失绿黄点,严重时呈黄煳色,可引起落叶		受害叶片变成灰绿色,严重时也会引起落叶

表 8-4　山楂叶螨、二斑叶螨和苹果全爪螨的识别特征

类别	山楂叶螨	二斑叶螨	苹果全爪螨
成螨	越冬型鲜红色,夏型枣红色,体枣状椭圆形	越冬型橘红色,夏型乌白色,体两侧各有明显的褐色斑一个	体暗红色,体型较山楂叶螨为圆,且小
卵	圆球形,黄白色		越冬卵和夏卵均为红色,圆形,上有一柄,颇似洋葱头
幼螨	3 对足,蜕皮一次后成 4 对足的若螨		初孵为浅黄色,后变为红色,足 3 对
若螨	取食后成暗绿色	白色,胴部也有两个明显的褐色斑	蜕皮若螨,足 4 对

(三)发生规律

山楂叶螨、二斑叶螨和苹果全爪螨的发生规律如表 8-5 所示。

(四)主要防治方法

山楂叶螨、二斑叶螨和苹果全爪螨的主要防治方法如表 8-6 所示。

九、绣线菊蚜

绣线菊蚜属半翅目蚜科,又称苹果黄蚜,在我国普遍发生。其寄主有苹果、桃、李、杏、海棠、梨、石榴、柑橘、绣线菊和榆叶梅等多种植物。

表 8-5　山楂叶螨、二斑叶螨和苹果全爪螨的发生规律

类别	山楂叶螨	二斑叶螨	苹果全爪螨
发生规律	以成螨在树皮下、干基土缝中越冬，花芽膨大期出蛰，落花后出蛰结束，麦收前气温升高，繁殖加快。山楂叶螨先集中在近大枝附近的叶簇上危害，麦收期间数量多时大量扩散，6 月危害最烈。7～8 月根据树体营养状况进入越冬，早晚不一	以受精雌成螨主要在地面土缝中越冬，少数在树皮下越冬。惊蛰后，逐渐开始在地面杂草、间作物上活动，近麦收时才开始上树危害。上树后开始主要集中在内膛，6 月下旬开始扩散，7 月危害最烈。二斑叶螨在条件适宜时 7～8 d 可发生 1 代，繁殖力高，抗药性强	以卵在短果枝、2 年生以上枝条上越冬。越冬卵孵化高峰期在红星品种花蕾变色期。一般麦收前后是危害高峰期，夏季叶面数量较少，秋季数量回升又出现小高峰

表 8-6　山楂叶螨、二斑叶螨和苹果全爪螨的主要防治方法

类别	山楂叶螨	苹果全爪螨	二斑叶螨
主要防治方法	消灭山楂叶螨的越冬螨和苹果全爪螨的越冬卵，在果树萌动初期喷施 3～5 波美度石硫合剂。 花前花后，以及生长季节，喷施杀螨剂防治。 药剂可选择 1.8% 阿维菌素 2 000 倍液、240 g/L 螺螨酯悬浮剂 4 000 倍液、43% 联苯肼酯 3 000 倍液、30% 乙唑螨腈悬浮剂 3 000 倍液、110 g/L 乙螨唑悬浮剂 5 000 倍液		地面防治：麦收前注意清除地面杂草和根蘖，发现间作作物有二斑叶螨危害时，及时喷药。 树上防治：6 月发现二斑叶螨时，及时喷药防治。 药剂可选择：240 g/L 螺螨酯悬浮剂 4 000 倍液、43% 联苯肼酯 3 000 倍液、30% 乙唑螨腈悬浮剂 3 000 倍液、110 g/L 乙螨唑悬浮剂 5 000 倍液

（一）为害状

若虫、成虫常群集在新梢上和叶片背面为害，受害叶片向背面横

卷,严重时新梢上叶片全部卷缩,严重影响新梢生长和树冠扩大。当虫口密度大时,许多蚜虫还可爬至幼果上危害果实。

(二)形态特征

1. 成虫

无翅孤雌胎生蚜体长1.6~1.7 mm,宽约0.95 mm。体黄色或黄绿色,头部、复眼、口器、腹管和尾片均为黑色,触角显著比体短,腹管为圆柱形,末端渐细,尾片圆锥形,生有10根左右弯曲的毛。有翅胎生雌蚜体长约1.6 mm,翅展约45 mm,体色黄绿色,头、胸、口器、腹管和尾片均为黑色,触角丝状6节,较体短,体两侧有黑斑,并具明显的乳头状突起。

2. 若虫

体鲜黄色,无翅若蚜腹部较肥大、腹管短,有翅若蚜胸部发达,具翅芽腹部正常。

3. 卵

椭圆形,长径约0.5 mm,漆黑色,有光泽。

(三)发生规律

绣线菊蚜1年发生十余代,以卵于枝条的芽旁、枝杈或树皮缝等处越冬,以2~3年生枝条的分杈和鳞痕处的皱缝卵量多。次年春天寄主萌芽时开始孵化,并群集于新芽、嫩梢、新叶的叶背开始为害。至10月雌、雄有性蚜交配后产卵,以卵越冬。

(四)主要防治方法

1. 生物防治

绣线菊蚜的天敌很多,主要有瓢虫、草蛉、食蚜蝇和寄生蜂等,这些天敌对绣线菊蚜有很强的控制作用,应当注意保护和利用。在北方小麦产区,麦收后有大量天敌迁往果园,这时在果树上应尽量避免使用广谱性杀虫剂,以减少对天敌的伤害。

2. 化学防治

梨芽萌动时,喷洒50%氟啶虫胺腈水分散粒剂5 000倍液,或7.5%高效氯氟氰菊酯吡虫啉悬浮剂8 000倍液。

十、草履蚧

(一)为害状

危害苹果、梨、猕猴桃、樱桃、核桃等果树。若虫、雌成虫常以刺吸式口器聚集在嫩枝、幼芽等处吸汁危害,致使树势衰弱,发芽迟,生长不良,严重时,造成早期落叶,甚至死枝死树。

(二)识别特征

雌成虫,体长 7.8 ~10 mm,体扁平,长椭圆形,背面淡灰紫色,腹面黄褐色,周缘淡黄色,被一层霜状蜡粉,腹部有横列皱纹和纵向凹沟,形似草鞋。

雄成虫,体紫红色,长 5 ~6 mm,翅 1 对,淡黑色。

若虫与雌成虫相似,但体小,色深。

(三)发生规律

该虫 1 年 1 代,以卵在寄主植物树根部周围的土中越夏、越冬。翌年 1 月中下旬越冬卵开始孵化,2 月中旬至 3 月中旬为出土盛期。若虫多在中午前后沿树干爬到嫩枝顶部,刺吸危害,稍大后,喜在直径 5 cm 左右粗细的枝干取食,以阴面为多。3 月下旬至 4 月下旬,第 2 次蜕皮陆续转移到树皮裂缝、树干基部、杂草中、土块下结薄茧化蛹。5 月上旬羽化,雌若虫第 3 次蜕皮后变为雌成虫,交配后沿树干下爬到根部土层中产卵。雌虫产卵后即干缩死去,田间为害期 3 ~5 月。

(四)主要防治方法

1. 清除越冬虫源

秋冬季节结合果树栽培管理,挖除土缝中、杂草下等处卵块烧毁。

2. 树干绑塑膜带

在树干离地面 60 ~70 cm 处,先刮去一圈老粗皮,绑 5 cm 宽塑膜袋,然后在塑膜上涂抹杀虫药膏,若虫上树时,即接触药膏触杀死亡。

3. 化学药剂防治

药剂可选择 48% 毒死蜱乳油 800 ~1 000 倍液等。

十一、梨花网蝽

（一）为害状

梨花网蝽又叫梨网蝽，属半翅目网蝽科，主要为害苹果、梨等叶片。成虫、若虫群集叶背刺吸汁液，被害叶呈现黄白色斑点，严重时大量斑点形成大块黄白色失绿斑，甚至变成大块褐色铁锈状枯斑，叶片提早脱落，对树势、产量和果实品质均有严重影响。

（二）识别特征

1. 成虫

体扁平，长约3.5 mm，暗褐至黑褐色，前胸背板两侧向外突出呈翼状，前胸青板和前翅均分布有网状花纹，静止时两前翅后缘交叉成“×”字纹，腹部金黄色，上有黑色斑纹。

2. 若虫

初孵若虫白色透明，体长约0.7 mm，后变淡绿。1龄若虫腹部背面变黑，2龄时出现翅芽，腹部两侧具7对刺状凸起，5龄若虫体长约2 mm，翅芽长至腹部第二对凸起。

3. 卵

椭圆形，淡黄色，透明，一端弯曲，长约0.6 mm，产于叶肉组织内，从叶片背面看，只能见到黑色小斑点状卵盖，此系成虫排泄的褐色胶状物。

（三）发生规律

黄河故道地区1年发生4～5代，以成虫在落叶、杂草、树干翘皮下及土块缝隙中越冬。果树发芽后，成虫出蛰活动，多集中于树冠下层的叶片背面取食、交配、产卵。成虫每次产卵1粒，卵产于叶肉组织内，且卵外覆有胶状物。每头雌虫可产卵8～26粒。初孵若虫活动力弱，群集叶背为害。第一代若虫盛期在5月下旬，发生期集中整齐，受害叶片呈苍白色。第一代成虫于6月上旬出现，第二代成虫于7月中旬开始出现，以后各代重叠发生，极不整齐。7～8月是为害最重的时期，10月以后，成虫陆续潜伏越冬。

（四）主要防治方法

1. 清除虫源

冬春季节要做好清园工作，彻底清除落叶，集中烧掉。

2. 化学防治

主要放在第一代若虫发生高峰期，即 5 月下旬防治，药剂可选用 7.5% 高效氯氟氰菊酯吡虫啉悬浮剂 800 倍液。

十二、梨圆蚧

（一）为害状

枝条受害后出现大量密集的灰白色小点，即该种蚧的虫体介壳，枝条被吸食汁液后导致皮层木栓化甚至干缩枯死，果实被寄生后，虫体多集中在萼洼附近。

（二）识别特征

雌成虫无翅，体扁圆形，黄色，口器丝状，着生于腹部，体被灰色圆形介壳，直径约 1.3 mm，中央稍隆起，壳顶黄色或褐色，表面有轮纹。

雄成虫有翅，体长 0.6 mm，翅展约 1.2 mm，头、胸部橘红色，腹部橙黄色，触角鞭状。

（三）发生规律

梨圆蚧 1 年发生 3 代，以二龄若虫和少数受精雌成虫在枝干上越冬。翌年早春树液流动后开始在越冬处刺吸汁液危害，若虫越冬的蜕皮后雌雄分化。

5 月中下旬到 6 月上旬羽化为成虫，随后交尾，交尾后雄虫死亡，雌虫继续取食至 6 月中旬开始产卵，至 7 月上中旬结束。世代重叠严重，5 月中旬至 10 月间田间均可见到成虫、若虫发生危害。进而进入秋末后，以二龄若虫和少数受精雌成虫越冬。

（四）防治方法

1. 人工防治

结合冬季和早春修剪管理，剪除虫口密度大的枝条或用硬毛细刷刷除枝干上的越冬虫态，可明显减少越冬虫源。

2. 化学防治

药剂可选择48%毒死蜱乳油800～1 000倍液、75%螺虫乙酯吡蚜酮水分散粒剂4 000倍液、7.5%高效氯氟氰菊酯吡虫啉悬浮剂800倍液。

十三、梨瘿蚊

（一）为害状

梨瘿蚊，又称梨芽蛆，属双翅目，瘿蚊科。以幼虫为害梨芽和嫩叶，产生黄色斑点，随后，叶面出现凹凸不平的疙瘩，受害严重的叶片纵卷，提早脱落。

（二）形态特征

1. 成虫

雄虫体长1.2～1.4 mm，翅展约3.5 mm，体暗红色。触角念珠状。雌虫体长1.4～1.8 mm，翅展3.3～4.3 mm。触角丝状。

2. 蛹

被蛹，橘红色，长1.6～1.8 mm。蛹外有白色、长1.95～2.24 mm的胶质茧。

3. 幼虫

长纺锤形。1～2龄幼虫无色透明，3龄幼虫半透明，4龄幼虫乳白色，渐变为橘红色，老熟幼虫体长1.8～2.4 mm。

4. 卵

长椭圆形，长约0.28 mm，宽0.07 mm。初产卵淡橘黄色，孵化前变为橘红色。

（三）发生规律

每年发生3～4代。以老熟幼虫在土壤及树干翘皮裂缝中越冬。翌年春季化蛹出土，成虫产卵于嫩叶及未展开芽叶缝隙里。以幼虫吸取梨叶汁液，梨叶外缘纵卷，幼虫经13 d左右老熟化蛹，约经15 d后，羽化成虫。

（四）主要防治方法

1. 生物防治

通过保护利用天敌进行生物防治，梨瘿蚊天敌有捕食性蜘蛛、瓢虫、草蛉、蚂蚁等。

2. 化学防治

成虫羽化前，或幼虫危害初期，使用药剂防治，可选择50%噻虫嗪水分散粒剂3 000倍液、7.5%高效氯氟氰菊酯吡虫啉悬浮剂1 000倍液。

十四、梨二叉蚜

（一）为害状

梨二叉蚜，属于半翅目，蚜科。寄主有梨、白梨、棠梨、杜梨及狗尾草等多种果树及其他植物。成虫、若虫群集于芽、叶、嫩梢和茎上吸食汁液。梨叶受害严重时，由两侧向正面纵卷成筒状。

（二）形态特征

1. 成虫

无翅孤雌胎生蚜，体长1.9~2.1 mm，宽约1.1 mm，体绿、黄褐色，被有白色蜡粉。口器黑色，触角丝状6节。腹管长大黑色，圆柱状，末端收缩。尾片圆锥形，侧毛3对。有翅孤雌胎生蚜，体长1.4~1.6 mm，翅展5.0 mm左右。头、胸部黑色，腹部淡色。口器黑色。触角丝状6节，淡黑色。足、腹管和尾片同无翅孤雌胎生蚜。

2. 若虫

体小，绿色，翅若蚜胸部发达，有翅芽，腹部正常。

3. 卵

椭圆形，长径0.7 mm左右，初产暗绿，后变黑色，有光泽。

（三）发生规律

1年发生10~20代，以卵在芽腋或果台、小枝的粗皮的缝隙内越冬，梨芽萌动时开始孵化。若蚜群集于露绿的芽上为害花序和幼叶，展叶期又集中到嫩梢叶面为害。5~6月大量迁飞到越夏寄主上。秋季9~10月，在越夏寄主上产生大量有翅蚜迁回梨树上继续为害，雌蚜交尾后产卵，以卵越冬。

(四)主要防治方法

1. 生物防治

充分利用天敌进行防治,比如草蛉、瓢虫等。

2. 化学防治

梨芽萌动时,喷施7.5%高效氯氟氰菊酯吡虫啉悬浮剂800倍液、50%氟啶虫胺腈水分散粒剂10 000倍液、75%螺虫乙酯吡蚜酮悬浮剂5 000倍液。

第九章　采后贮藏及商品化处理

第一节　梨商品化处理

我国是梨属植物的原产地之一,资源非常丰富,全国都有梨树的分布和栽培。据统计,我国的梨产量居世界一位,2015/2016 年度我国的梨产量为 1 870 万 t,占全球总产量的 75%。但由于生产的季节性和地域性,且梨易软化和褐变,给贮藏、运输、销售等流通环节带来了极大困难,造成了"旺季烂,淡季断"的局面,以致产生了淡季供应数量不足和品种单一等问题。同时,在梨果品生产中,由于采收时采摘不当、运输不及时、管理不善,在贮藏运输期间,由于生理和病理的影响,往往导致 20% 以上损耗,有些甚至采后损失超过 30%。

梨果实采后商品化处理是为了满足消费者对优质果品的要求,同时获得理想的经济效益,它是从生产到商品的一个十分重要的环节,也是做好贮藏保鲜工作的基本前提。通过梨采后商品化处理,可减少采后果品损失,最大限度地保持果品营养价值、新鲜程度和食用安全性,并延缓其新陈代谢和延长采后果品的寿命,以达到梨果品的周年供应。梨的采后商品化处理主要包括采收、预冷、挑选、分级、处理、包装、运输、贮藏等。

一、影响梨贮藏的关键因素

(一)品种

不同的梨品种果实耐贮藏性能差异较大。一般晚熟品种较中熟品种耐贮藏,中熟品种较早熟品种耐贮藏。梨果实耐贮性与果实表皮和细胞壁结构及细胞内物质成分有关,果实角质膜较厚的品种比较耐贮藏。

从梨的不同栽培种来看,白梨的多数品种较耐贮藏,砂梨品种采后果实硬度下降较快,耐贮性比白梨差。秋子梨多数品种在常温下极易软化和后熟,仅能放1~2周。白梨中,'苹果梨'、'秋白梨'、'蜜梨'等极耐贮藏,一般可贮至第二年4~5月;'库尔勒香梨'、'金花梨'等较耐贮藏,可贮藏至第二年的3~4月;'鸭梨'、'砀山酥梨'、'雪花梨'可贮藏至第二年的2~3月。砂梨中的'爱宕'、'晚三吉'等耐贮藏,'新高'、'黄金梨'等较耐贮藏,'黄花'、'丰水'等耐贮藏性较差;秋子梨中,'南果梨'、'京白梨'较耐贮藏。

(二)土壤条件

果品质量的好坏是影响梨贮藏质量优劣的关键,而采收前果实的质量,与树体的营养状况密切相关。生长在轻沙质土上的梨树,因土质疏松、通气、透水,供肥性能较好,树体生长健壮,果实质量优良,耐长期贮藏。而生长在保水性差的重沙质土上的梨树,不仅产量低、果个小,且贮藏期果实极易失水皱皮,不能长时间贮藏。黏质壤土梨树生长太旺,果实中含钾、钙等矿质元素低,贮藏期间易发病,也不耐贮藏。

(三)结果树龄和结果部位

结果初期的幼树,枝量少,树体生长旺盛,产量不高,但果实偏大,不耐贮藏。而衰老树(树龄大于30年),树体吸水吸肥能力差,结果枝不充实,内膛徒长枝多,通风透光差,果个偏小,含糖量低,贮藏期间易失水发病。

树龄在15~30年盛果期的梨树,在良好的树体管理条件下,生长势旺盛,树体抗性强,果实大小均匀,含糖量较高,较耐贮藏。但是在同等管理条件下,其结果的部位不同,果实贮藏品质也有差别。其中结果树冠外围比内膛、上部比下部果实的光照好,含糖和含钾、钙等矿质元素高,抗病性强,失水比率低,宜长期新鲜保存。

(四)肥水的管理

树体施肥过多,尤其是大肥、大水促使梨树徒长,虽然果树产量较高,果实较大,但是果实因生长速度较快,硬度偏低,不易长期贮存。过多施用化肥,尤其是氮肥,而缺磷、钙、钾肥,将会造成果实品质下降,风味变淡,含糖量降低,贮藏中易发生多种生理性病害。因此,施肥应以基肥为中心，适量适期施氮肥，磷、钾肥要多施，才有助于提高果实的耐贮性。基肥应在秋天果树落叶及时施入，每亩施入腐熟的农家肥 3 000～5 000 kg。氮肥应在梨树开花前一次施入，晚施会引起新梢徒长，果实质量低劣，氮肥不宜多施，如基肥充足则可以省去。

土壤水分的供给对果树的生长发育、果实的品质及耐贮藏性有重要影响。土壤水分不足，影响果实生长，产量下降，土壤水分过多，尤其是采收前果园灌水或者遇大雨，会使果实风味变淡、内在品质降低，耐贮藏性下降。

（五）果实的成熟度

用于贮藏的果实要适时采收。果实适当早采可以较好地保持果实在贮藏期间的硬度和风味，减轻和推迟黑心病的发生，从而延长果实的货架寿命，提高贮藏质量。但若采收过早，则可滴定酸含量太高，淀粉也未转化完全，会影响果实的适口性，贮藏后风味不好，贮藏期间也易失水。晚采果实过熟，硬度小，果实贮存期易感霉菌腐烂，也不易长期贮藏。

（六）果实套袋

梨果实套袋，可保持果皮细腻，防止微生物侵染和病虫危害，减少农药残留、减轻果实贮藏期的失水皱皮，提高果实品质和耐贮性。在梨生理落果期结束后应对果实分批套袋，在套袋前可一次喷施杀虫杀菌剂。优先对果大、果梗粗壮的果实进行套袋，选择质量好、外黄内黑的双层纸袋效果较好。套袋时间越早越好，这样可以减少外界环境对梨果实的刺激。采收前 10～15 d 应将袋的底部撕开，果面即可转色。

（七）田间喷钙

西洋梨的生理性病害主要有黑心病、黑皮病、虎皮病等，生理性病害的发生除与采收和贮藏因素有关外，还与果实中一些矿质元素的含量有关，而适量提高果实中的钙含量，如在生长期叶面喷钙或采后对果实进行浸钙处理（一般使用浓度为 4%～8% 的 $CaCl_2$），可有效减少生理性病害的发生。

喷钙可有效增加果实中的钙含量，维持果实自身的钙平衡，提高果实的品质，防止贮运病害的发生。

（八）采前喷施杀菌剂

一般贮藏病害在田间发病较少，经常被人们所忽视，有些病害（如青霉、灰霉、镰刀菌等引起的腐烂）是梨果实从田间带到贮藏场所的，当贮藏条件适宜时，才侵染发病。所以，采前田间喷施杀菌剂，可以杀灭果面上的病原菌，提高梨的抗病能力。

（九）预冷状况

采收后快速预冷对早中熟梨品种和长期贮藏效果有直接影响，贮藏前必须进行及时、快速的预冷，以尽快散发果实中保存的田间热，从而降低果实内的呼吸消耗。多数品种可直接在 -2 ~0 ℃环境中预冷，但是有些品种如'鸭梨'和'新高梨'，直接在低温下快速预冷会产生冷害，需要采用缓慢降温或者两段降温模式的预冷方式防止果实早期黑心病的发生。'新高梨'果实两段降温（10 ℃贮藏 15 d 和 5 ℃贮藏 10 d）再入低温库贮藏，明显抑制黑皮病发生；果实逐级降温（10 ℃开始，降1 ℃/ d）再入低温库贮藏，果皮黑皮病基本不发生。'鸭梨'传统预冷模式为 10 ~12 ℃入库，一周后每 5 ~7 d 降 1 ℃，以后改为每 3 d 降 1 ℃，在 35 ~40 d 内将库温降至 0 ℃，并保持 0 ℃，不要低于 -1 ℃，'鸭梨'可贮藏 8 个月。

（十）贮藏环境

1. 温度

低温是果实贮藏保鲜最重要的因素之一，因为温度是影响采后果实呼吸作用高低的关键因素。在一定温度范围内，温度越低，果实呼吸作用越微弱，果实的贮藏周期越长。

2. 湿度

影响梨在贮藏期间失水的环境因素主要是湿度。梨果皮薄、水分大，容易失水引起皱缩，因此贮藏库的相对湿度应保持在 90% ~95%。对二氧化碳不敏感的品种，如'南果梨'、'砀山酥梨'等品种采用包装纸或塑料薄膜进行单果包装或者塑料小包装，基本可以解决果实失水问题。

3. 气体成分

贮藏环境中的氧气和二氧化碳的浓度对果实的呼吸作用有较大影

响。因此，适当提高贮藏环境中二氧化碳的浓度、降低氧气浓度，可抑制果实的呼吸。但是白梨和砂梨的多数品种对二氧化碳较敏感，尤其要注意贮藏环境中的气体成分。同时，多数梨品种是呼吸跃变型果实，成熟前有乙烯释放高峰，而贮藏环境中果实释放的大量乙烯会加速果实的衰老，果实褪绿转黄，促进虎皮和黑心病等生理病害的发生。因此，贮藏库内需要定期通风换气，防止二氧化碳和乙烯等有害气体的浓度过高。

二、采收

采收是梨果品生产上的最后一个环节，也是贮藏开始的第一个环节。采收的原则是适时、无损、保质、保量。

（一）梨成熟度的确定

成熟度是影响果实采收品质的重要因素。适宜成熟度采收的梨果实表现出该品种的优质特色，如质地细腻、汁液丰富、风味浓郁。采收过早，不仅重量不足，而且质量差，未形成品种固有的风味和品质，在贮藏期容易失水，有时还会增加某些生理病害的发病率。采收过晚，成熟过度，不仅品质下降，果肉松软发绵，而且还容易在采摘、搬运过程中损伤败坏，同时果实衰老快，会缩短贮藏期。因此，确定梨的最佳采收成熟度非常重要，应该根据用途、采后运输距离的远近、贮藏和销售时间的长短以及产品的生理特点来确定其最佳采收期。

采收成熟度主要根据果实的形态、果面着色度、果柄脱离的难易程度、果实生长日数以及果实可溶性固形物和含酸量等来确定。黄皮梨（‘黄花’、‘清香’、‘丰水’、‘幸水’）应掌握果肉暗褐色变为浅黄褐色；绿皮梨（‘翠冠’、‘西子绿’、‘脆绿’）果皮由暗绿色转为浅绿色或浅黄色，肉质由粗、硬变为细、脆，由酸转为甜味，种子由白转为浅褐色，果梗易与果台脱离，可溶性固形物（TSS）、固酸比和果实硬度达到该品种应有的标准。如‘黄花梨’TSS 为 11.0% 左右，固酸比（65 ~ 70）∶1，果实硬度 11.5 ~ 15.0 kg/cm^2。当有 80% 的果实达到上述标准时，即可采收。一般就地销售的产品可以适当晚些采收，而作为长期贮藏和远距离运输的产品则应该适当早些采收。不同的气候条件和不同的品种，采收时期均不同,甚至在不同年份往往因气候的影响采收期也不一致。此外,不同部位,树与树之间树龄、生长势的不同,导致果实成熟期也不尽一致,一般树冠上部及外围开花早,果实成熟早,树冠下部及内膛开花迟,果实成熟晚。因此,在采收时要分期分批采收,一般早晚可差1周。

(二)采收方法

一般须分2~3次采收,先采大果,待5~7 d再行采收。

由于梨果实不耐机械损伤,因此主要靠人工采摘,这样可以减少机械损伤,保证产品质量。采收时须严防碰压和刺伤,将果实带柄采下。采收顺序是从树下部由外向内采摘的,采摘动作要轻,不能损伤果枝,对果实要轻拿轻放。采收箱忌内壁有棱角毛糙,箱内要用柔软轻质材料衬垫,每箱采装后质量不要超过15 kg。采摘下的果实应放在阴凉处,以免日灼。搬运过程轻装轻卸,一次入箱不再倒箱,避免机械损伤。

采收时还需注意以下几点:最好在晴天早晨露水干后开始采收,可减少果实携带的田间热,降低其呼吸强度;避免在雨后和露水很大时采收,因为此时采收极易受病菌侵染引起腐烂、降低品质,不利于贮藏和运输;采收后应立即放到阴凉处散热,不能立即包装;采果顺序应先下后上、先外后内逐渐进行等。

三、分级

梨果采收后,为了提高果实的商品价值,增强市场竞争力,采下的果实首先要进行选果,剔除病果、虫果和伤果,即进行分档、分级。分档成三类,即商品果、等外果和烂果。之后按照等级标准对其中的商品果再按果实的大小、色泽、形状等方面分级成若干规格。梨果实的分级可按照《鲜梨》(GB/T 10650—2008)。该标准规定了收购鲜梨的质量要求、检验方法、检验规则、容许度、包装、标志和标签等内容,但商业操作上常以企业标准为主,有时根据订单的要求而定。一般按照地点可分为产地分级、周转站分级、入库前企业/基地分级。

在生产中,果实分级的依据常常是单果重或者果个大小。除一些大型企业采取机械分级(主要采用重量分级的方法)的方式外,多采用经验分级,即进行外观分级的方法。此法除注意果实单果重外,还特别注意外观伤害,诸如果面褐斑和病害斑点等。分级后的商品果需立即预冷,分级过程越快越好,尽快在 12 h 内处理结束。

四、包装

梨进行产地分级后,在入库或者远销之前多进行适当的包装。梨果采用塑料薄膜打孔包装、塑料薄膜单果包、泡沫网袋单果包,然后用纸箱外包装,能获得较好的保鲜效果。薄膜打孔包装可减少果实失水和萎蔫,避免贮藏期特别是贮藏后期袋内 CO_2浓度太高产生高 CO_2伤害,又可达到自发气调(MA)作用,有利于果实保鲜贮藏;薄膜单果包装可减少采后失水,避免烂果间相互感染;泡沫网袋单果包可减少贮运过程中果实的振动损伤和摩擦损伤。在进行长途运输时,可采用通透性良好的薄膜包装,或者不扎口包装,以防袋内 CO_2气体积累过多产生伤害。在当地入库前,可适当进行网袋包装后再进行薄膜包装,必要时,使用隔板或垫片隔离,以防果实挤压产生伤害。生产上,外包装多用纸箱包装,每箱 15 ~ 20 kg,纸箱要求科学、坚固、经济、防潮、精美、轻便。

五、预冷

一是自然预冷。在没有冷藏或预冷设备的情况下,采用自然预冷法,将采后的梨果运到阴凉通风、交通方便处,利用自然风或机械送风来除去热量。自然预冷需时较长,且不易达到适贮温度,故只可用于档次较低、不进行包装的果品,且运输距离在 400 km 以内的区域,建议在夜间进行运输。

二是冷库预冷。田间采收的梨果应于当日尽快运至加工厂,快速分级,并进入已消毒并降温至 2 ~ 3 ℃的预冷库,使果实快速降温。果箱入库后堆码成垛,垛底垫板架空 10 ~ 15 cm,箱与箱之间留有空隙。果实分批进入预冷库,每天入库量不要超过总库容的 20%,预冷时间以 24 h 为宜。此方法设施投入较大,预冷效果好。

第二节　梨贮藏技术

白梨、砂梨、西洋梨的多数品种均属于呼吸跃变型果实，在果实成熟时或采收后产生大量的乙烯，且梨果成熟时气温较高，果实进行着旺盛的呼吸作用。因此，采收后首先需要降低果品温度和果实的呼吸速率，减少乙烯的产生和贮藏期间鲜重的损耗，保持果实一定的颜色、硬度、质地、糖酸比和营养成分含量。目前，国内外用于延长梨贮藏期的主要技术有通风库贮藏、低温贮藏（冷藏）、气调贮藏、短期高浓度 CO_2 处理和化学保鲜等方法。

一、窖藏和通风库贮藏

通风库贮藏或者窖藏是利用自然冷源降温的半地下式通风贮藏库或者土窑洞进行梨果实贮藏的方式，是我国北方的一些水果产区的主要贮藏方式。采用这种贮藏方式约占梨果实年产量的30%以上，适宜晚熟耐贮藏品种，如'砀山酥梨'、'苹果梨'、'秋白梨'等品种。通风库或窑洞的最佳贮藏温度为 -2 ~ 5 ℃，温度越低，贮藏病害和果实的腐烂率越少。

窖藏具体方法是将适时采收的梨剔除残伤病果，分好等级，用纸单果包装后装入纸箱中，也可不包纸直接放入铺有软草的箱中。刚采收的梨果呼吸旺盛，又带有大量的田间热，一般不直接将梨果入窖，而是先在窖外阴凉通风处散热预冷。白天适当覆盖遮阴防晒，夜间揭开覆盖物降温，当果温和窖温都接近0 ℃时入窖，将不同等级的梨果分别码垛堆放，堆间、箱间及堆的四周都要留有通风间隙。

用通风库贮藏梨果，其预处理程序与窖藏相同。两种贮藏方法的管理技术要点是：①梨果入库前，必须将通风库彻底清扫干净，并进行熏蒸消毒，消灭残存的微生物和病菌。②贮藏初期主要是控制通风，由通风道、通风口、码垛间隙在早晚或夜间导入库（窖）外冷空气，以降低内部温度。有条件的可安装温度自动调控装置，使温度尽量符合梨果贮藏要求。③贮藏中期以防冻保温为主，此时天气严寒，可利用草帘、棉被、秸秆等物在垛顶、四周适当覆盖以免受冻;要关闭通风系统,通风换气只能在白天或中午外界气温高于冻结温度时适当进行。④春季气温回升后逐渐恢复初期管理方式,通过开关进出气口,引入冷空气、排出热空气来调节库(窖)内温度。当夜间温度难以调节到适宜的贮藏低温时,就应及时将梨果出库(窖)销售。

二、低温贮藏

近10年来,冷库尤其是微型或小型冷库发展迅速,冷库贮藏逐渐成为果品贮藏的主要方式。在低温下,梨果实呼吸和代谢等生理活性受到抑制,物质消耗少,贮藏寿命较长。具体管理措施如下。

(一)库房消毒

库房消毒对减少梨贮藏中微生物侵染和果实腐烂有积极的作用,是管理措施中重要的环节。在梨入库的前一个月应对贮藏库进行清扫,使用硫黄、甲醛、漂白粉和次氯酸钠等对库房进行熏蒸与消毒。

(二)预冷

将采收后经预处理的梨果尽快运至已彻底消毒、库温已设定到相应温度(一般设定温度为0~3 ℃)的预冷间,按批次、等级分别摆放,预冷1~2 d即可达到预冷目的。但要注意,有些品种如鸭梨对温度特别敏感,降温过快易引起大量果实黑心,要采用缓慢降温的预冷方法。

(三)纸箱码垛

将挑选分级后的果实垫板隔开分层装入纸箱,每箱装果10 kg;也可将每个果用有光纸包好装箱。如果是套袋梨,可直接装入箱内。堆垛底部用枕木垫起,各果箱间应该留有适当空隙(一般10 cm左右)。堆放高度以箱子的压缩强度而定,但一般箱垛顶部应距库顶留有60~80 cm的空隙。垛距离墙壁、进气孔等处要留有空隙(一般30 cm左右),并留出通风道和作业道,使垛内外温度接近。贮藏量较小时可采用0.04~0.06 mm厚的聚乙烯薄膜袋,将果实直接入袋,每袋装15 kg,装后不扎口,只是互相交叠,留一定空隙,直立排放在一起即可。

(四)温度管理

低温贮藏是采用高于梨果组织冻结点的低温来实现梨果的保鲜。

低温贮藏可降低梨果的呼吸代谢、病原菌的发病率和果实的腐烂率，达到延缓组织衰老、延长果实贮藏期的目的。不同梨品种要求的贮藏温度有所差异，长期贮藏保鲜的温度一般在 -1 ~2 ℃。如‘鸭梨’对温度比较敏感，冷藏时要注意采用缓慢降温措施，如果采后立即放在0 ℃条件下贮藏，则会发生生理伤害，导致果心、果肉褐变。‘鸭梨’采收后先进行预冷，开始库温保持在 10 ~12 ℃，一周后每 5 ~7 d 降 1 ℃，以后改为每 3 d 降 1 ℃，在 35 ~40 d 内将库温降至 0 ℃，并保持 0 ℃，不要低于 -1 ℃，鸭梨可贮藏 8 个月，好果率达 80% 以上。‘黄冠梨’果实在常温下极易软化，因此适当降低果实的贮藏温度，可有效延缓果实的软化。生产上采后‘黄冠梨’的冷藏温度多为(0 ±0.5) ℃，冷藏时温度不能过低，以免造成冻害。

西洋梨的冻结点在 -2 ℃左右，因此其适宜的贮藏温度在 -1 ~2 ℃。此外，有研究表明，采后没有及时预冷会缩短西洋梨的贮藏寿命。因此，西洋梨应在采后立即进行预冷，对于需要长期贮藏的西洋梨，采后迅速降低其温度，使其果核温度降至贮藏温度。在降温过程中，贮藏场所的温度可以低于 -1 ℃(如 -3.5 ~ -2.0 ℃)，但当果实温度降至 -1 ℃时，贮藏场所的温度也应尽快提升至 -1 ℃。研究表明，‘安久梨’、‘巴梨’2 个西洋梨品种的果实在 -1 ℃下的贮藏寿命比在 0 ℃下延长 35% ~40%，在 2.5 ~10 ℃条件下贮藏的‘巴梨’果实表现为水分流失严重、质构干燥、风味变劣。但是，由于西洋梨对温度较敏感，不适宜的低温反而会降低梨果实的贮藏寿命，使其丧失商品价值和食用价值。因此，为了防止冷害和冻害的发生，贮藏温度的设置应按不同梨品种的习性严格控制。同时，在低温贮藏过程中，温度的波动也会严重影响西洋梨果实的贮藏质量，因此精确而持久的温度控制显得非常重要。

(五)湿度管理

影响梨在贮藏期间失水的环境因素主要是湿度，贮藏库的相对湿度应保持在 90% ~95%。梨的失水也与自身因素有关，如果实气孔的多少和张度、蜡质层厚薄、果胶的多少等。研究也表明，西洋梨失水非常快，贮藏环境的相对湿度应保持在 90% 以上，而用聚乙烯薄膜包装能很好地防止果实在贮藏过程中水分的散失。

三、气调贮藏

气调贮藏是在低温贮藏的基础上，通过改变贮藏环境中气体成分的相对比例，降低果蔬的呼吸强度，抑制乙烯的生成，减少病害的发生，延缓果蔬的衰老进程，从而达到长期保鲜的目的。气调贮藏是当今最先进的可广泛应用的梨果保鲜技术之一。气调贮藏比冷藏能更有效地延缓果实硬度和维生素 C 含量的降低，抑制呼吸、乙烯、乙醇和乙醛产生或推迟高峰期的出现。

（一）温度和湿度

梨气调贮藏温湿度与低温贮藏类似，长期贮藏保鲜的温度一般在 -1 ~ 2 ℃，控制相对湿度在 90% ~ 95%，不同的品种之间略有差异。气调贮藏期间，要尽量保持库温稳定，减少温度的大幅度波动，并注意防寒。用于气调贮藏的梨应适当早采，并贮于逐步降温的冷库内。

（二）气体

在整个贮藏过程中，一定要注意控制 O_2 和 CO_2 的浓度，通常控制 O_2 浓度 3% ~ 5%、CO_2 浓度 >1%。试验结果表明，气调贮藏结合厚度为 0.02 mm 厚的 PVC 薄膜袋单果密闭包装，不会发生梨果黑皮和 CO_2 中毒现象，具有非常好的贮藏效果。目前已经证实气调贮藏技术对‘南果梨’、‘锦香梨’、‘鸭梨’、‘莱阳茌梨’、‘新高’、‘京白梨’、‘黄金梨’等不同系统梨的多个品种均有保鲜效果。‘黄金梨’在 O_2 体积分数为 5% ~ 6%、CO_2 体积分数为 0 ~ 0.5% 时，在 90 d 的贮藏期内，能延缓其维生素 C 含量、果肉硬度和乙烯释放量降低，减少乙醇和乙醛在果肉内的积累量。‘京白梨’在 0 ℃的低温条件下，结合 2% ~ 4% O_2、2% ~ 4% CO_2 的气体成分贮藏，可降低其呼吸强度，推迟乙烯释放的高峰期，降低果肉组织中乙烯合成酶的活性，延缓果实硬度、果皮叶绿素的变化，进而增强果实的耐贮藏性能。适时采收的‘香梨’在温度 -1 ~ 0 ℃、O_2 质量分数为 4% ~ 6%、CO_2 质量分数为 2% ~ 4%、相对湿度为 90% ~ 95% 的贮藏环境下，贮藏 240 d 后好果率达 95% ~ 98%。

在普通低温贮藏条件下，西洋梨可贮藏2～7个月，如果采用气调贮藏或短期高浓度CO_2处理，其贮藏期还可再延长1～2个月。不同西洋梨品种对气体成分的要求不同，但总体来说，西洋梨对CO_2都非常敏感，低O_2、高CO_2将加重果心褐变。目前，商业用的最合适、最安全的人工气调贮藏条件是O_2浓度2.0%～2.5%、CO_2浓度0.8%～1.0%。研究表明，1.0%的O_2、0.1%的CO_2的低温环境能使'安久梨'果实保持良好的色泽、风味和新鲜度，并能降低其发病率。

气调贮藏中气体成分调整的速率对一些西洋梨品种的贮藏质量也有一定影响。例如，'巴梨'要求在气调贮藏过程中气体成分的调整尽快完成。此外，高浓度CO_2短期处理对西洋梨也有很好的保鲜效果，采收后立即用高浓度(12%)CO_2处理'安久梨'2周，能使梨果保持很好的品质，并使其在长期贮藏后仍能保持后熟能力。

与常规冷藏相比，气调贮藏在延长贮期和果实保鲜上有很大优势，但这种贮藏形式投资成本较高，而且并不是所有梨果都适于用气调贮藏，如'鸭梨'、'雪花梨'、'长把梨'等对CO_2和低氧极为敏感，就不适宜气调贮藏。

四、化学保鲜技术

1－MCP(1－甲基环丙烯)是一种新型的乙烯作用抑制剂，具有无毒、高效的优点，可与细胞膜上的乙烯受体发生不可逆结合，致使乙烯信号传导受阻，达到延缓果实成熟的目的。经1－MCP处理后，西洋梨的呼吸速率、乙烯生成速率以及组织内部ACC合成酶、ACC氧化酶等的活性大大降低，贮藏病害发生较少，有利于保持果实硬度，减少内部褐变，改善果品色泽。

1－MCP对'京白'、'五九香'、'锦香'等软肉梨果实保鲜效果良好，强烈抑制梨果实呼吸，推迟呼吸高峰出现，明显延缓果实贮藏和货架期间硬度下降，维持果实良好的品质；1－MCP处理能较好抑制'丰水'、'翠冠'、'黄金梨'等品种采后常温下呼吸强度，降低冷藏期间果实的乙烯释放量，对梨果实长期贮藏保鲜效果较为明显。对于非呼吸跃变梨果实，如‘绿宝石’，1 - MCP 处理有限度地降低了果实乙烯释放量和呼吸强度，较好地保持了果实硬度，但对果实可溶性固形物与可滴定酸含量无影响。1 - MCP 处理（0.5 μL/L）可提高早采‘八月红’梨果实内的可溶性蛋白质含量，抑制游离脯氨酸积累，从而显著减轻果实褐变程度。不同浓度 1 - MCP 对西洋梨贮藏效果也有影响，浓度为 0.1 ~ 0.5 μL/L的 1 - MCP 能有效延长果实的贮藏期，并能使果实保持良好的后熟能力。

参 考 文 献

[1] 曹玉芬.中国苹果品种[M].北京:中国农业出版社,2014.
[2] 柴全喜.梨树整形修剪应该解决的主要问题[J].果农之友,2011(8):45.
[3] 高洪歧,李成志,彭玉纯,等.梨树改良主干形简化修剪及配套技术[J].中国果树,2003(1):34-35.
[4] 果树学栽培各论(北方本)[M].3 版.北京:中国农业出版社,2003.
[5] 黄新忠.梨树疏散分层整形修剪技术[J].福建果树,1997(1):40-43.
[6] 鲁韧强,刘军.梨树圆柱形密植整形修剪技术要点[J].果农之友,2012(2):13.
[7] 张绍铃.梨学[M].北京:中国农业出版社,2013.
[8] 梨苗木:NY 475—2002[S].

附 图

图 2-1　梨花发育过程

芽接

枝接

图 4-1　梨苗培育与嫁接

梨宽行密株栽培模式

梨园支撑系统与灌溉系统

图 5-1　梨树建园

水平棚架形

疏散分层形

Y 字形

圆柱形

图 6-1　梨树主要栽培树形

疏果

套袋

图 6-2　梨树花果管理

自然生草

地布覆盖

梨园行间生草、行内清耕

图 7-1　梨园土壤管理